Ponkie

# BONZO

Ponkie

Der neue Hausbesitzer

*Mit Illustrationen von*
*Reinhard Michl*

Langen*Müller*

Besuchen Sie uns im Internet unter
www.langen-mueller-verlag.de


© 2011 Langen*Müller* in der
F. A. Herbig Verlagsbuchhandlung GmbH, München
Alle Rechte vorbehalten
Umschlaggestaltung: Wolfgang Heinzel
Umschlagmotive: Reinhard Michl
Herstellung und Satz: Ina Hesse
Gesetzt aus 11,25/14 pt. AGaramond
Druck und Binden: CPI Moravia Books GmbH, Korneuburg
Printed in the EU
ISBN 978-3-7844-3278-6

# Inhalt

# Vorwort

Dass Menschen nichts aus ihren Erfahrungen lernen, ist bekannt. Autoraser wollen auch nach dem zehnten Auffahrunfall kein Tempolimit, Models bestehen auch nach der dritten misslungenen Nasen-OP samt schiefem Busenimplantat unbedingt auf weiteren Verschönerungsmaßnahmen.

Leider funktioniert diese Unbelehrbarkeit auch schon bei Kleinkindern. Zu meinen frühesten intensiven Katzenbegegnungen im Alter von etwa drei Jahren auf der Veranda unserer Schwabinger Gartenhauswohnung gehörte mein Versuch, eine ausgewachsene Fremdkatze in liebevollem Duziduzi-Streicheldelirium auf den Arm zu nehmen. Sie hatte das Gegrapsche aber schnell dick und hieb mir mit energischer Befreiungspranke ihre ausgefahrenen Krallen an die Backe, bevor sie ins Gebüsch entfloh. Es blutete arg, und ich behielt eine Narbe.

In irrationaler Kinderlogik habe ich fortan alles getan, um dieses Raubtierbändiger-Experiment zu wiederholen. Bei unseren Sonntagsautoausflügen durch oberbayerische Dörfer schrien wir Kinder jedesmal begeistert »eine Miez! Eine Miez!«, wenn irgendeine Stallkatze zufrieden in der Sonne döste. Wir durften aussteigen, um sie zu streicheln, und sie liefen immer schnell weg. Aber wir haben es nie aufgegeben.

Unzählige Charakterkatzen haben seither ihre Spuren bei mir hinterlassen und sich meinen Besitz unter den Nagel gerissen. Kater Bonzo ist von allen der kreativste. Als habe ihn Wilhelm Busch erfunden, vereinigt er die Eigenschaften von Max und Moritz, Fips dem Affen und dem Schneider Meck-meck-meck in seinem bürgerlichen Terroristengemüt. Er schaut, als könne er kein Wässerchen trüben, während in seinem Kopf Visionen von Beutezügen mit Mord und Totschlag geistern. Und wie immer falle ich darauf herein.

# Bonzos Einstand

Grüß Gott. Ich heiße Bonzo und bin der neue Hausbesitzer. Meine Untermieterin Ponkie ruft mich allerdings meistens »Katze!« (mit Ausrufungszeichen), wenn ich etwas ausgefressen haben soll. Und dann kommen alle Katzenwissenschaftler aus der Familie und vergleichen mich sofort mit einer meiner vielen Vorgängerinnen, die angeblich intelligenter waren, oder auch dümmer (wahrscheinlich). Am lästigsten ist es, wenn sie mir die legendäre Ahnfrau aus dem Stamme der Monaco-Franze-Katzen vorhalten. Die Schwester von Helmut Fischers Katze Rosl (genannt die Rosl-Schwester) konnte, so wird erzählt, Klavier spielen, Eichkatzl skelettieren, Gebrauchsanweisungen lesen und in Spiraltechnik vom Balkon springen.

Trotzdem hätte meine Untermieterin nicht so ein Theater machen müssen, wie ich auf einen Baum klettern wollte und nicht mehr herunterkonnte. Der Ulli, mit dem ich schon vorher Krach hatte, weil ich seine Internettelefonkabel durchgebissen hatte, tat so, als wolle er mich retten, und stieg mir in den Baum hinterher. Und alle behaupten, ich sei immer noch höher in den Baum gestiegen und habe gekreischt wie am Spieß. Ponkie drohte mit der Feuerwehr.

Dann haben sie alle getuschelt, ich würde schon wieder herunter-
kommen, wenn es anfängt zu regnen und wenn ich Hunger kriege.
Eine Stunde lang haben sie sich einfach nicht um mich gekümmert.
Dann bin ich im Rückwärtsgang hinuntergekrabbelt. Und dann
habe ich erst einmal eine Stunde im Couchkasten geschnarcht, so
kaputt bin ich von dem Abenteuer gewesen. Der blöde Baum kann
mir gestohlen bleiben.

Kabelknabbern kann ich auch nicht mehr, weil der Ulli mit Tesafilm
alles zugeklebt hat. Gemein! Aber ich werde schon etwas finden. Der
Harald hat mir ein Schnürlspielzeug gemacht – wer nicht aufpasst,
stolpert darüber quer durchs Gelände.

# Degradierung der Mitbewohner

Als Katzen-Untermieterin habe ich jetzt natürlich nichts mehr zu melden. Mit dem Münchner Oberbürgermeister Ude und seiner Katzen-Fotografin Edith teile ich die Erfahrung, dass sich Katzen (egal ob aus Mykonos oder Solln) ihre Bedienungs-Menschen nach Be-darf erziehen. Die Katze wohnt überall bei sich zu Hause und hält sich womöglich mehrere Terminsklaven gleichzeitig für pünktliche Fütterung.

Wie man zu so einer Katze kommt? Entweder man kriegt sie angehängt nach der Besichtigung eines kompletten Wurfes und dabei wird man von einem schlauen Katzenkind durch frommen Augenaufschlag gezielt ausgewählt. Oder man begibt sich ins Tierheim, möchte sie gleich alle mitnehmen und lässt dann die Enkelkinder eins auswählen. Oder zwei.

Bonzos unmittelbare Vorgänger waren zu zweit. Zwei schwarze Tierheimkater, die nachts gemeinsam streunen gingen und die nach Tierarztmeinung ein bisschen älter waren als die im Katzenpass vermerkten zehn bis elf Jahre. Eines Nachts kam nur einer allein zurück. Sein verschreckter Streunerkamerad hat von da an die Garten-

schlupflöcher ins Abenteuer nicht mehr benutzt – er ging nie mehr auf Strawanzertour; der Horrorkrimi wurde nie aufgeklärt. Seine Nierenkrankheit ließ ihn fortan trotz Spezialfutter dahinsiechen, und er dämmerte, wenn auch schnurrend, einem stillen Tod entgegen, Spuren im ganzen Haus hinterlassend.

Ulli begrub ihn im Mausoleumsgarten – neben den vielen anderen, der rot getigerten Baghira, der schneeweißen Schmuse-Jule und all den in der 30-km-Zone überfahrenen Opfern des Sollner Straßenverkehrs. Auch der kleine schwarze Bonzo kommt aus einer Hinterbliebenen-Sippe in zweiter Generation. Seine Mutter Amy wollte die Sprösslinge gerade das Überleben lehren – da fanden wir den kleinsten Bruder totgefahren am Gartentor (Fahrerflucht!).

Bonzo lässt sich von den Schicksalen seiner Verwandtschaft aber noch nicht ins Bockshorn jagen. Er ist frech und vorlaut, hüpft die Vorhänge rauf und runter und turnt durch die Bücherregale, wirft Sachen herunter, die ihn erschlagen könnten, wenn sie ihm auf den Kopf fielen. Geschieht mir recht. Die Katze bestimmt das Sein und das Bewusstsein.

# Wer setzt sich durch?

Hallo, hier bin ich wieder! Ich habe inzwischen den Bonzo-Garten in Besitz genommen, und die Vögel machen immer ein riesiges Zetermordiogeschrei, wenn ich auf den Baum steige, in dem sie ihre selbstgebauten Sozialwohnungen haben, oder wenn ich ihnen an ihrem Vogelplanschbecken auflauere. Leider konnte ich noch keinen erwischen, weil sie zu schnell sind und einer Katze kein Erfolgserlebnis gönnen.

Meine Untermieterin Ponkie schreit den ganzen Tag »aua«. Weil ich sie immer von hinten mit voller Kralle anspringe. Das ist sehr lustig – aber sie findet das weniger. Auch wenn sie Zeitung lesen will – die Politik und das Feuilleton und den ganzen Wahlkampf, worüber sich dann die ganze Familie beim Frühstück aufregen kann –, dann weiß ich das zu verhindern. Manchmal zerfetze ich dann ihre Zeitung in lauter kleine Papierschnipsel und schmeiße sie durchs Treppenhaus. Das gefällt mir. Und wenn sie mit dem Kugelschreiber weißes Papier vollkritzeln will, haue ich mit der Pfote ritschratsch hinein.

Nur wenn ich auf den Computerbildschirm und die Schreibtasten hüpfe und das Restpapier aus dem Drucker herauskratze, kriegt sie

gleich einen hysterischen Anfall, weil ich die ganze Technik kaputt-
mache, und es reicht doch schon, wenn sie selber so oft auf die fal-
schen Knöpfe drückt.

Gestern lief eine fremde Katze durch den Garten. Das ist unver-
schämt, das lasse ich mir nicht gefallen. Weil: Hier ist m-e-i-n Revier.
Das ist mein Haus, mein Futternapf, mein Katzenklo, mein Schmu-
sesessel und mein Gartenkissen – alles meins. Und wenn es regnet,
spannen sie extra die Markise auf, damit ich nicht nass werde!

# Aus dem Dienstboten-Souterrain

Allmählich sehe ich so zerkratzt aus, als wäre ich in ein Dornengestrüpp gefallen, und meine Bonzo-Katze übt täglich, nicht nur ihren eigenen Schwanz zu fangen, sondern sich mit genüsslicher Kralle auf meine Beine zu stürzen, wenn sie schon ihren Schatten an der Wand nicht erwischen kann.

Besucher bestätigen, dass Kater Bonzo sich auch aufmerksam an meiner Berufsarbeit beteiligt und mit dem Blick des Fernsehkritikers das Fernsehprogramm beobachtet. Er schätzt ein Sitzkissen dicht neben seinem Fütterungsmenschen. Ganz fies findet er offenbar Kochsendungen. Und da jede Kochsendung ihre eigenen Kochbücher anpreist, soll es mir auf die Publikumsbedrohung mit einem eigenen Katzenkochbuch nicht ankommen (zumal ja auch Hunde mit eigenen Hundekochbüchern für »Ladys Morgenschlapp« oder »Zottels Suppenmampf« bedient werden).

Als beliebtes Extra-Fressi empfehle ich dann: Drei mittelfetten, nicht zu muskulösen Jungmäusen, noch jagdwarm, binde man die Schwänze zu schmucken Schleifchen, garniere mit Vogelfedern oder einem Oachkatzlschwoaf (für Nichtbayern: Fehlanzeige), setze drei große, heftig krabbelnde Kellerspinnen obendrauf und häufle rundherum frischen Schlagrahm. Falls keine Mäuse fangbar, geht es auch mit gestohlenen Aquariums-Goldfischen.

Anzeigen an den Tierschutzverein nimmt mein Bonzo jederzeit entgegen. Spenden für die Katzen der Dritten Welt bitte an den Club der mitteleuropäischen Status-Katzen e.V. oder an das Goethe-Institut.

# Umgang mit Promi-Katzen

Heute bekam ich einen hochliterarischen Bonzo-Katzenbrief mit der Post, von einem Kater namens »Patta«. Sein leider schon verstorbenes Ex-Herrchen, der berühmte Zeichentrick-Filmkünstler Curt Linda, der (sagt Ponkie) so wunderbare Animationsfilme wie *Konferenz der Tiere*, *Das kleine Gespenst*, *Shalom Pharao* und *Die kleine Zauberflöte* gemacht hat, nannte seinen aus dem Tierheim adoptierten Kater-Kobold »Patta« nach dem eitlen Polizeichef-Fatzken aus Donna Leons Venedig-Krimis, hinreißend gockelhaft gespielt von Michael Degen (sagt ebenfalls Ponkie, und die weiß es genau). Patta berichtete mir von ähnlichen Baumkletterlebnissen, wie sie mir widerfahren sind. Und er findet es auch allerhand, dass der Ulli seine von mir kaputtgebissenen Kabel mit Tesafilm verklebt hat. Und er hat festgestellt, dass seine männliche Bezugsperson eine viel sanftere, nachgiebigere Stimme hatte als sein ängstliches Lamento-Frauchen.

Das liegt wahrscheinlich daran, dass die Frauchen immer vor irgendwas Angst haben (vor dem heißen Milchtopf auf dem Herd, dem wankenden Bücherregal, dem zerfetzten Stolper-Teppich, dem um-

geschmissenen Blumentopf, dem verstreuten Müll aus der pfoten-
schnell geleerten Tonne, der durch den Dreck geschleiften frisch
behängten Wäscheleine) – lauter Lappalien für uns spielfreudige
Katzen, gell? Aber gleich ein Katastrophengeschrei von den Frau-
chen-Nervensägen, wenn ihre Ordnung mal im Eimer ist.

Der Patta hat es gut, weil sein neuer Garten an Felder voller Hasen
und Schafe grenzt. Aber mich lassen sie nachts noch nicht hinaus,
weil die Sollner Autofahrer gemeingefährlich sind.

# Halbstarken-Manieren

Kater Bonzo wird immer größer. Kein Wunder: Denn er frisst für drei und fängt tadelnd an zu maunzen, wenn der Futternapf schon wieder leer gefressen ist. Auch seine Gartentricks kenne ich inzwischen zur Genüge. Vom Sommerregen sind Gräser und Wiesenblumen in die Höhe geschossen, unter denen sich ein kleiner Teufelskater ducken und verstecken kann – um dann wie eine Rakete aus dem Grünzeug herauszuschnellen und jeden Trottel, der ahnungslos danebensteht, in den Krallen-Schwitzkasten zu nehmen.

Die Einzigen, die nicht den geringsten Respekt vor Bonzo haben, sind die Eichkatzln. Sie sind zwar mittlerweile kleiner als er, denn so viele Nüsse kann es gar nicht geben, dass sie sich so schnell einen Bonzo-Wanst anfressen könnten, um ihn furchterregend in die Flucht zu schlagen.

Andererseits ist seine Frechheit vermutlich schon größer als seine Vorsicht. Bonzo führt sich auf wie ein Drittklässler-Flegel kurz vor der Pubertät, nach dem Motto »Ich bin der Größte – und wenn du deine dämliche *Abendzeitung* auf dem Tisch liegen lässt, dann werde ich sie wohl noch in kleine Fitzelfetzen zerlegen dürfen«.

Meine Küche sieht aus wie eine Karawanserei nach dem Überfall einer Horde von Kameltreiber-Banditen. Bonzo schmeißt mit Gabeln, schleppt Nacktschnecken und Erdbatzen durchs Haus und haut sich mit Dreckpfoten auf meine Daunendecke, die er sehr schätzt, wie alles, was weich und trocken ist. Deshalb habe ich ihm einen alten Hippie-Flokati reserviert, wenn ich ihn ins Bad sperren muss, damit ich meiner Redaktion in Ruhe ein paar Mails zukommen lassen kann, bevor er meinen Schreibtisch vollends demoliert.

# Mein Fitnessprogramm

Alle nennen mich jetzt Bonzo, den Kaputtmacher. Nur, weil ich ein paar Pfingstrosen abgebissen habe und überhaupt mit Vergnügen Pflanzen köpfe – es gibt ja so viel schönes natürliches Spielzeug. Volle Zündholzschachteln, Menschenschuhe (Leder kaut sich am besten), Regenschirme, Teppichböden (man muss da nur irgendein abstehendes Eselsohr in die Zähne kriegen, damit man ganze Streifen herausreißen kann).

Auch Korbstühle eignen sich gut zum Zerlegen, und es fallen viele kleine Steckerln dabei ab, bis ein richtiges Loch draus wird, wo man die Pfote durchstecken kann.

Frühmorgens um fünf Uhr herum, wenn es draußen hell wird, muss ich die Ponkie immer wecken. Damit sie Fenster und Terrassentür aufreißt und ich meine erste Garteninspektion unternehmen kann. Sie tut dann immer so, als ob sie noch müde ist, die Schlafmütze, aber das ist mir wurscht, ich möchte jetzt mein Frühstück haben – schlafen kann ich, wenn ich ordentlich Frühsport gemacht habe: zehnmal am Gartenzaun entlangrasen, Bäume rauf und runter, die Nachbarskatze erschrecken.

Und wenn ich aus der Mülltonne genügend Cellophanverpackungen gegraben habe, die so schön laut und grell krachen, wenn man draufspringt, dann ist es richtig lustig.

Fein sind auch Klorollenteile aus Pappe und Schnüre. Die Papprollen kann man durchs ganze Haus kullern und so lange durchbeißen, bis sie nasse Pappkugeln sind – und für die Schnüre muss man sich einen Spielmenschen suchen, der ein Schnürl hinter sich herzieht: Eine Schnur, die sich bewegt, ist so aufregend wie ein Mauseschwanz.

# Bonzo Next Topmodel

Jede Person, die sich schon einmal ein »kleines Schwarzes« oder einen schwarzen Anzug gekauft hat, weiß, dass es so viele Sorten von Schwarz gibt, wie die Barbiepuppen-Tussis »Pinks« in ihrem Kopf haben, von pieps-pink bis quiek-rosa. Schwarz: Das kann dschungelschwarz sein mit gelben Puma-Augen, schillerndes Hollywood-Kanaillen-Blauschwarz oder, bei Katzen mit genetischen Überresten getigerter Vorfahren, mit Braun- und Graustich gesprenkelt.

Lupenrein schwarze Katzen sind eher selten – meist haben sie weiße Halskrausen, Nasenspitzen oder Pfotentupfer, an denen man sie einer Schandtat überführen kann. Bonzo aber ist ein echter Pechschwarzer: unsichtbar im Dunkeln. Einer von denen, vor denen abergläubische Dummköpfe sofort schreiend das Weite suchen und ihr Hexeneinmaleins herunterbeten (»Schwarze Katze übern kurzen Weg bringt Unglück!«). Natürlich bringt sie dann wirklich Unglück, wenn der Doofmensch vor Schreck über seine eigenen Füße fällt.

Bonzo ist sich seiner unverfälschten tiefschwarzen Eleganz voll bewusst – er weiß, wie alle Katzen, genau, wie er aussieht, wenn er sich

lustbetont dekorativ auf dem schwarzen Flügel oder einem weißen Sessel oder einem roten Kissen niederlässt. Da kommt kein Topmodel mit, weder in Giftgrün noch in Lila.

Unter den Katzen gibt es ja auch nicht das, was man in der Modebranche einen Dorftrampel oder gar in grausamer Direktheit eine »Dotschn« nennt. Die Anmut der Urkatze verliert sich nie – sie kriegt weder Krampfadern noch Cellulitis und braucht auch keine Stöckelschuhe, um einen erotischen Hüftschwung vorzutäuschen. Katzeneleganz ist eine Naturmarke.

# Horror-Küchentratsch

Um mich von lebensgefährlichen Abenteuern abzuschrecken, erzählen mir sämtliche Familienmitglieder, die in Solln gleich um die Ecke wohnen und bei ihren Radtouren immer nachschauen, wie viel ich schon wieder gewachsen bin, Horrorgeschichten über meine Katzenvorgänger. Und über meine drei Geschwister, die als Klein-Terroristen bei Harriet ihr Unwesen treiben.

Letzte Woche gab es riesige Aufregung, weil meine Mutter Amy zum Tierarzt musste wegen der Sterilidingsda. Denn Harriet sagt, Katzen sind von Natur aus Flitscherln, die sich mit fremden Straßenkatern herumtreiben, und wir haben jetzt genug Katzenkinder, die im ganzen Haus herumwuzeln – alle von verschiedenen Vätern. Weil ich frühmorgens jetzt immer durch die Nachbarsgärten streunen gehe, weiß Ponkie nie, wo ich bin, und ruft dauernd nach mir. Erst flötet sie schmusig – so wie Ludwig Thomas Verwandtschaft in den Kinderwagen seiner Schwester hineinschnulzte: »Duziduziduzi, ja wo is denn unser Herzibobberl?« Oder wie der sächsische Fernseh-Zootierpfleger, der aussieht wie Frankenstein und seine Elefanten und Kuschel-Affen anlockt mit »Schatzi« und »Mausi« und »Schneckerl«.

Ich komme aber immer erst dann, wenn ich mag. Übrigens habe ich noch nie eine echte Maus gesehen. Sicher haben die Gartenmenschen alle ausgerottet. Meine frühen Vorgängerinnen sollen eine Beutemaus ins Haus verschleppt haben, die sich dann im Küchenherd verstecken wollte, aber von einem Stromschlag erledigt und erst ein halbes Jahr später als verkohlte Leiche am Tatort aufgefunden wurde. Wie bei *Derrick*.

# Kellerträume

Bonzo wird allmählich ein Stenz mit Schlawiner-Allüren. Putzt sich den ganzen Tag, poliert sich das fesche Fell und schleckt von jedem fremden Teller. Schaut total unschuldig in die Gegend und pennt auf dem Gartentisch. Wenn die Magda Pfannkuchen bäckt, stiehlt er sie frisch aus der Pfanne. Und er scheint sehr stolz zu sein auf seine »Dreiviertelreife« und auf die Pflege seiner eleganten Stenzen-Pfoten – ganz wie der flotte »Tscharlie« aus Helmut Dietls *Münchner Geschichten*, bei dem es nur zur »mittleren Reife« langte und der viel Zeit damit verbrachte zu überlegen, wie man ohne Arbeit zu viel Kohle kommt.

Der einzige Ort im Haus, den der schicke Bonzo noch nicht auseinandernehmen durfte, ist der Keller. Dort liegen die Steueraktenordner vom Finanzamt, die Bonzo gern zerfleddern würde, die man aber leider aufheben muss. Und in den Keller-Bücherregalen türmt sich das gesamte Filmmappen-, Videokassetten- und DVD-Archiv, das sich durch viele Kinoepochen angehäuft hat – Papier, das schon vom bloßen Hinschauen in alle Richtungen staubt und einer turnerisch geübten Katze unter den Krallen zerbröseln würde.

Der Keller ist für Bonzo Märchenland wie die Mauselöcher in den Tom-&-Jerry-Filmen: Er sitzt davor und malt sich aus, was dahinter wohl verborgen ist. Beute! Was zum Fangen, Fetzen, Kratzen, Herumwirbeln. Und irgendwann wird er es schaffen, eine Ritze zu finden, durch die er sich zwängen kann, um diesen Extra-Tatort zu erforschen. Und dann können wir lange nach Bonzo suchen!

# Ruhestörung

Eine richtige Plage für meine empfindlichen Katzenohren sind die ekligen Knatter- und Rattergeräte, mit denen Sollner Hausbesitzer dauernd an ihren Residenzen und Garagen herumfummeln. Die Sandstrahler machen besonders gemeine Geräusche. Wie Stechmücken im Massenanflug sirren sie in den schrillsten Tönen. Und die Benzinrasenmäher dröhnen aufdringlich durch die Gärten und brummen zum Fürchten. Wenn nicht gleich gar schwere Marmorplatten für die Nobel-Einfahrten verlegt werden, wo wir Katzen sofort plattgefahren werden, wenn wir uns zu nah herantrauen.

Ich sitze jetzt immer halb auf der Straße, halb am Gartentor, damit ich einen Überblick habe über Hunde und Fremdkatzen und Briefträger und verrückte Joggingmenschen, die hier ihre Runden drehen. Man muss ja wissen, wer sich so alles auf der Straße herumtreibt – außer mir.

Und die Familie regt sich auf, wenn die Baubehörde wieder einmal mitteilt, dass die Anlieger, die das Gras nicht ordentlich aus den Pflasterritzen entfernen, Schmutzfinken sind und mit regelmäßigen Kontrollbesuchen der Sauberkeitsämter rechnen müssen. Aber nicht mit uns! Wenn Ullis Sohn Aaron mit seinem Elektromotor bei uns die Wiese mäht, dann sieht es einen Tag lang in meinem Garten sogar aus wie auf dem Golfplatz: sauber geschleckt von Loch zu Loch.

Und im Briefkasten findet Ponkie immer Reklame für Sandstrahl-reiniger, weil unsere Gartenplatten doch total vermoost sind. Wir mögen aber lieber Moos und Ritzengras als blitzblank polierte Sau-bermann-Terrassen. Meine Untermieter stehen auf g'schlamperte Bohème-Ästhetik!

# Bonzo, der Müllsammler

Alarm, weil der verfressene Bonzo plötzlich herumgespuckt und das Futter verschmäht hat und auch noch quiekte und knauzte, als habe er Bauchweh. Aber vielleicht war es ja auch nur die dampfende Hochsommerhitze, die ihm auf den Magen geschlagen ist: Im Sonnenschwitzbad lag er japsend herum, platt wie eine Flunder und zu keinerlei Großtaten fähig. Aber mit dem ersten Regenguss war er wieder ganz der Alte: schleppte ausgedörrte Tannenzapfen zuhauf herbei, verteilte sie im Haus und zerlegte sie auf dem Teppich in viele Kleinteile, wo sie dann knackend zerbröselten, wenn einer drauftrat.

Er fand auch jahrelang verschollene alte Federbälle im Gebüsch, antike Sandkastenschaufeln und versteinerte Bruchstücke von Plastik-Kinderspielzeug. Wie ein Hobby-Archäologe gräbt er Schicht um Schicht die familiären Frühphasen unserer Bausparer-Existenz aus den Sechzigern ans Licht. Wühlt hinterm Komposthaufen längst vergessene Bagger-Ruinen und Traktor-Blechteile aus der geheimnisvollen Tiefe, die einst als Kleinkindersandkiste diente, und legt uns zwischendurch auch zerknüllte Schokoriegel-Papierlreste, die

Schulkinder über den Zaun geschmissen haben, vor die Füße. Bonzo ist ein professioneller Müllsammler und verhinderter Messie. Wenn wir am Abend seine Tagesbeute zusammenkehren, würde uns dafür jeder gelernte Hausmeister mit sofortiger Kündigung drohen. Aber Bonzo ist sowieso Hausmeister-resistent.

# Triumph über die Technik

Da Bonzo es, wie alle Katzen, nicht leiden kann, wenn sein zur Ernährung dienender Nutzmensch mit Arbeit beschäftigt ist und dazu Papier vollschreibt, sucht er jede Berufstätigkeit seiner Untermieterin zu verhindern. Und weil er ja nicht blöd ist, weiß er genau, dass auch der Fernsehapparat für den Fernsehkritiker ein Arbeitsgerät ist. Um dem Ding den Garaus zu machen, sprang er von hinten in die Kabel hinein, riss dabei mit geiler Bolzlust wichtige Stecker heraus und schwang triumphierend seinen Schwanz über der besiegten Technik. Und weil der Fernseher danach voller Tücke überhaupt kein Bild mehr produzierte, sagte unser Technik-Wart Ulli: So, jetzt ist endlich Schluss mit dem Glump, ich besorge einen neuen Fernseher samt Receiver für den DVD-Player und neuer Satellitenschüssel, denn die alte ist verrostet.

Unter gieriger Anteilnahme von Kater Bonzo war tagelang Chaos im Haus, während der Ulli den neuen Fernseher und sämtliche Zusatzgeräte installierte. Einen der vielen leeren Pappkartons nahm Bonzo sofort in seinen Privatbesitz, um für seinen Mittagsschlaf zusammengerollt in der gemütlichen Pappschachtel zu entschlummern. Auch

die neuen Fernbedienungen hat er bereits eingeweiht durch eifrige Pfotenbesteigung unter gleichzeitiger radikaler Beseitigung aller verfügbaren Bleistifte und Kugelschreiber. Bonzo als Beherrscher der Elektronik, Vernichter von Schreibgeräten und Verhinderer Ärgernis erregender Fernsehprogramme!

# Exil im Bad

Immer, wenn Ponkie TV-Kritiken schreibt, sperrt sie mich ins Bad, weil ich sie angeblich bei der Arbeit störe. Dabei will ich nur auf ihrem Computer sitzen und mit der Pfote auf alle Knöpfe steigen und ein bisschen Zeitungspapier zerfetzen und die Frühstückssemmeln auf den Boden schmeißen und den Butterteller abschlecken und in der frischen Bügelwäsche wühlen und … Nichts wird einem gegönnt! Aber das mit dem Bad wird sie sich bald überlegen, weil: Gestern habe ich alle Klorollen aufgewickelt und Klopapiersalat draus gemacht. Sie wird schon sehen, was sie davon hat.

Außerdem gehe ich jetzt in der Früh, sobald es draußen hell wird, auf Streunertour: Da weiß dann keiner, wo ich bin. Ich kontrolliere sämtliche Gärten im größeren Umkreis und verstecke mich auch manchmal unter parkenden Autos, obwohl sie stinken. Über die Straße zu rennen, ist allerdings ein Risiko, weil hier immer Radler und Autos durchbrettern. Am besten wetzt man von einem Gartenzaunloch zum nächsten und meidet grundsätzlich Leute mit einem Kehrbesen.

Ich habe mir schon eine feste Wanderroute zurechtgelegt und bleibe

jedesmal ein bisschen länger weg. Dann sind alle heilfroh, wenn ich wieder da bin, und sie füttern mich besonders eifrig, damit ich nicht auf Mäuse angewiesen bin. Oder gar auf Vögel. Die leben massenhaft in meinem Garten, sind aber immer noch zu schnell für mich. Mit Schmetterlingen ist es schon einfacher.

# Lotterleben ade

Kater Bonzo entdeckt die Jahreszeiten. Wenn er früh in der Morgendämmerung seinen Garten im Herbstnebel besichtigt, kommt er mit nassem Bauch und erdigen Pfoten zurück und braucht dann eine Stunde, um sich wieder trocken und auf Hochglanz zu schlecken. Und je größer er wird, um so näher rückt nun unser baldiger Tierarztbesuch: Bonzo soll einen Stempel ins Ohr als Personalausweis kriegen, denn ein Lebewesen ohne Ausweis gilt nix (das kann man in Travens Roman *Das Totenschiff* nachlesen: Wer keine Papiere hat, den gibt's nicht. Der kann höchstens auf dem Schrottkahn »Yorikke« anheuern, mit dem der Kapitän einen Versicherungsbetrug plant). Damit naht auch der Zeitpunkt, da so ein kleiner Kater kastriert werden muss. Ich habe noch die Protestdebatten im Ohr, als unser Katzenversteher Helmut Fischer, als »Monaco Franze« weithin bekannt, es stets als persönliche Barbaren-Attacke brandmarkte, wenn wieder einmal ein erlebnishungriger kleiner Kater um seine liederliche Männlichkeit betrogen wurde. Mit dem Verstand sah er es ja ein, dass man es nicht zulassen konnte, wie ein Streunerkater unentwegt sittenlose Katzenflitscherln schwängerte – aber in seinem irrationalen

Männerstolz kränkte es ihn tief in der Seele, dass man einem fröhlichen Hallodri-Kater sein triebhaftes Lotterleben nicht gönnen wollte. Weil: Das »G'schiss mit der Elli« und den vielen anderen Ellis war zwar immer ein bisserl lästig, gehörte aber zur unentbehrlichen Lebensfreude.

# Chinesisches Ballett

Aus Kater Bonzos Tagebuch: Ich kriege viel Beifall von der Familie und den Besuchern meiner Nutzmenschen als großer Comedy-Entertainer. Denn je früher es draußen dunkel wird, desto mehr Licht gibt es im Haus – und desto größere Schatten werfe ich an der Wand: Ständig bin ich gezwungen, meinen eigenen Schattenschwanz zu fangen und den schwarzen Rivalen, der vor mir über die Wände geistert, mit abenteuerlichen Höhensprüngen zu erwischen. Ich springe ihm ins Genick, zeige ihm meine Krallen, packe ihn mit den Pfoten und führe ein Licht-und-Schattentheater mit chinesischen Drachen auf. Diese Schattenluder sind aber leider Phantome und fallen nicht um, wenn man sie auf den Kopf haut. Sie weichen aus wie virtuelle Yedi-Ritter und lösen sich auf im Helldunkelsalat, der dauernd über mich herfallen will. Ich habe ein großes Publikum für mein Gespensterballett, und Ponkies Enkel amüsieren sich sehr über meine Derwisch-Tänze – sie werfen ihre eigenen Schatten an die Wand und spielen mit mir Kickboxen.

Wenn mir langweilig ist, rupfe ich auch die Blumen, die Ponkie in Vasen stellt, aus dem Wasser und pflücke sie klein: Dahlien und As-

tern sind besonders ergiebig zum Zerfleddern, auch Blumentöpfe mit Petersilie und Basilikum lassen sich prima zerlegen. Leider hat mich Harriet dabei erwischt, wie ich ganz schnell nebenbei in den Küchenausguss gebieselt habe. Da haben sie mich alle geschimpft, als wäre ich ein Oktoberfest-Wildbiesler, und haben »pfui« gesagt. Aber ich musste halt gerade mal, ganz dringend.

# Beauties

Eine Spezialität von Katzenbesitzern ist ihre unerschütterliche Überzeugung, dass die eigene Katze die schönste aller Katzen ist. Die Eitelkeit von uns Katzen-Untermietern gleicht dem Stolz von Casting-Müttern, die von ihren Töchtern erwarten, dass die so reich und berühmt werden, wie sie selber mangels Schönheit und Talent nie werden konnten.

Nun braucht man über die Schönheit von Katzen eigentlich kein Wort zu verlieren, denn es ist ein Naturgesetz, dass alle Katzen schön sind: Es kommt ganz selten vor, dass irgendein einäugiger Piratenkater mit Holzbein die natürliche Katzengrazie schändet oder so ein fettes Scheusal ist wie Disneys hämische Mäusemörder in den feinen Gemächern böser Märchenstiefmütter. Dass Mäusefreund Disney eher ein Katzenhasser war, steht ihm natürlich zu, samt seinem Schwarzhumor-Sadismus beim Katzen-Tratzen.

Trotzdem gibt es keine wirklich hässlichen Katzen, keinen Glöckner von Notre-Dame oder so was. Selbst der gemeine Tiger Shir Khan aus Kiplings *Dschungelbuch* sah aus wie ein Tiger, eben schön. Und es werden sogar Wettbewerbe ausgeschrieben für das schönste Kat-

zenfoto, Laufstege für Katzen-Superstars und Angora-Königinnen im Medienzirkus. Aber wer auch immer den Preis für die Schönste im Land gewinnt – wetten, dass unsere eigene Katze noch viel viel schöner ist?

Das ist wie mit den eigenen Kindern: Selbst wenn wir einen possierlichen kleinen Knollennasen-Pummel mit Fledermausohren unser eigen nennen, sehen wir im Spieglein an der Wand doch immer nur allerliebste Märchenprinzen und Lockenprinzessinnen.

# Jagdtriebe aus der Urzeit

Neandertaler-Kater Bonzo hat seinen ersten Vogel gefangen: Zuerst einen winzig kleinen aus der Singvogelklasse, echt niederträchtig. Dann einen großen, den er durchs Haus geschleift hat, die blutigen Innereien in alle Ecken verteilt, die Federn flogen kreuz und quer – und als ich die Überreste draußen im Gebüsch entsorgt habe, hat er sie wiedergefunden und noch einmal ins Haus geschleppt, wie ein blutgieriger Beutegeier. In jäher Abscheu-Aufwallung hatte die ganze Familie das dringende Bedürfnis, laut und empört »Mörda, Mörda!« zu schreien – wie jenes Wiener Gifthaferlkind, das in dem berühmten Film *Der dritte Mann* mit dem Finger auf den Harry-Lime-Freund zeigte und lustvoll schrill »Mörda, Mörda!« plärrte.

Wir wissen natürlich, dass das ungerecht ist, denn der angeborene Jägerinstinkt gehört zu den wichtigsten Überrlebensreflexen eines Raubtiers – und die Katze ist seit Urzeiten immer noch ein Raubtier, da hilft alles nichts.

Bei solchen Gelegenheiten kriege ich dann immer mitgeteilt, dass die gesamte Bonzo-Verwandtschaft (Mutter Amy und drei treuherzige Katzengeschwister) ganz ähnliche archaische Unsitten pflegen,

zum Bespiel halbierte Mäuse unter den Tisch legen und allerlei Innereien als Rohkost auf dem Teppich verteilen. Mit besonders kreativen Leistungen treten sie als »Brotkorbkatzen« auf: Aus dem schönen runden Brotkorb haben sie Semmeln und Brezen herausgeschmissen, um sich selber dort zusammengerollt hineinzulegen. Zum Frühstück gibt es dann Schlafkatzen mit Butter und Marmelade, auch bei Schinken sind sie relativ zivilisiert dabei. Bis zum nächsten Neandertaler-Exzess.

# Heizung aus der Neuzeit

Aus Kater Bonzos Jahreszeiten-Tagebuch: Was für eine Frechheit! Es ist eiskalt draußen! Die sagen alle: Jetzt kommt der Winter. Da kann man sich draußen nirgends mehr hinsetzen, alles nass und kalt, und die Kissen auf den Gartenstühlen muffeln. Am liebsten hopse ich ins Haus zurück und setze mich auf die Heizung. Heizung unterm Bauch ist ein wunderbares Katzengefühl, so wie Daunenkissen und Wärmflasche. Und da in meinem Haus die Heizkörper unter der Fensterbank sind, kann ich gleichzeitig zum Fenster hinausschauen und bauchwarm den Garten beobachten.

Allerdings: Gleich zum Kälteeinbruch war große Aufregung im Haus, weil bei der Ölheizung im Keller die rote Störungslampe aufleuchtete – als wollte die Technik mich besonders ärgern. Ich habe bei Ponkie sofort protestiert und mich demonstrativ auf ihren Kamelhaarmantel gelegt. Zum Glück kam der Heizungsmann noch, bevor wir in den Süden auswandern mussten, und ich habe es wieder bauchwarm.

Auch unsere Toskana-Agaven mussten in Erwartung der ersten Nachtfröste in Sicherheit gebracht werden: Enkel Laurenz pumpte

seine Muskeln auf wie Jack Londons »Seewolf«, um die riesigen Stachelmonster durch die Terrassentür ins Haus zu quetschen. Und alle versuchen, mir jetzt noch schnell Angst zu machen: Wenn du jetzt abends abhaust, wirst du erfrieren! Schlotter-schlotter!

# Keine Bevölkerungsexplosion mehr!

Grüß Gott. Ich heiße Bonzo und bin jetzt ein kastrierter Kater! Sie haben mich überlistet und im Katzenkorb in Ullis Auto verfrachtet, wo ich natürlich sofort herausgesprungen bin und laut gekreischt habe. Und dann hat der Tierarzt Dr. Iraki in Solln doch glatt behauptet, ich sei schon mitten im Flegelalter und es wäre an der Zeit, meinen unsittlichen Lebenswandel ein wenig zu verlangsamen. Denn die persönlichen Markierungen selbstbewusster junger Kater gelten bei geruchsempfindlichen Leuten leicht als Nasenbelästigung.

Dann war ich eine Stunde lang bekifft von der Narkosespritze, und als ich daheim wieder aufgewacht bin, hatte ich Wackelbeine wie eine Oktoberfest-Bierleiche. Bin erstmal auf den Teppich geplumpst und wurde sehr bedauert als knochenweicher Invalide, und die Familie hat überall Kissen deponiert. Damit ich keine kantige Treppe hinunterfalle oder links und rechts verwechsle. Für ein paar Stunden habe ich mich unter einem Sofa versteckt – was Ponkie immer ärgert, weil sie mich da nie findet.

Skandal am anderen Morgen: Sie haben mich einfach nicht rausgelassen! Bande! Ich bin gewöhnt, dass ich meinen ersten Morgenspaziergang machen kann, wenn es draußen hell wird. Und die sperren mich ein, weil ich angeblich noch zu schwach zum Streunen bin. Aber gegen Mittag habe ich dann so nervig miaut und geknauzt, bis einer die Terrassentür aufgemacht hat. Wäre ja noch schöner!

# Katzen-Neurosen

Bonzo leidet offenbar an einem Aufmerksamkeitsdefizit (so nennt man das wohl bei quengeligen Nörgelkindern): Er findet, dass wir nicht genügend zu seiner Unterhaltung beitragen. Deshalb sucht er sich Gegenstände, deren Zerstörung mich auf die Palme bringt (Bücher, Zeitungen, DVDs, Zündhölzer, Teelichter, Blumentopf-Untersetzer, Pillenschachteln, Bügelwäsche, Regenschirme, Ein-kaufstaschen ...). Diese Sachen werden so lange geschüttelt, auf Zerbrechlichkeit getestet, zerlöchert, zerbissen und in Spülwasser eingeweicht, bis es bei uns aussieht wie bei den Simpsons nach einem mittleren Atomschlag. Die Kraft der Bonzo-Pfoten erreicht dabei die Hebelwirkung eines Schaufelbaggers (bei ausgefahrenen Krallen doppelte Reichweite). Wenn er auf die Stöße wohlsortierter DVDs zugeschossen kommt, fliegt der Haufen in alle Richtungen weg, die Montags- und Mittwochs-Fernsehfilme der Woche und ein paar *Tatort*- und *Polizeiruf*krimis dazu flacken durcheinander unter Bon-zos Sitzpolster und Schmusedecke. Dabei dachten wir doch immer, dass die »niederen Instinkte« etwas zutiefst Menschliches sind und Vandalismus den Tieren eigentlich fremd ist.

# Katzen-Neurosen II

Kater Bonzo versucht, nach Art überführter Straftäter, sich als unzurechnungsfähig hinzustellen und sich aus der Verantwortung wegzumogeln. Wie bitte? Das soll ich gewesen sein? Ich kann mich nicht erinnern. Das muss so über mich gekommen sein. Wahrscheinlich habe ich Stimmen aus dem Kleiderschrank gehört oder den Rattenfänger von Hameln mit seiner Flöte aus dem Bücherregal. Oder ein Geisterknurren aus dem Couchkasten, keine Ahnung. Oder vielleicht ein Mäusepiepen aus der ZDF-Sendung *Berlin direkt* über die fröhliche Zukunft der Investment-Banker? Oder einfach nur Gebrabbel aus der *Lindenstraße*?

Zum Glück haben wir genügend gelernte Psychologen in der Familie, die im Tierpark Hellabrunn Erfahrungen mit der Raubtierpsychiatrie gesammelt haben: Warum hat der junge Panther keinen Bock darauf, freundliche Blicke mit den Tierparkbesuchern auszutauschen?

Also: Wer hat den Bonzo in seiner Kleinkindphase so geärgert, dass es immer noch in seinem Unterbewusstsein rumort? Wer erscheint ihm als Halloween-Kürbis im Traum? Warum gibt Bonzo spontane

Angstpiepser von sich, wenn er scheinbar tief schläft? Erpresst ihn die Nachbarskatze Lilli? War seine Mutter Amy ungerecht zu ihren fünf Bälgern? War das Katzenklo nicht sauber geschrubbt, die Wolldecke nicht frisch aufgeschüttelt? Hat die Harriet den Futternapf nicht aufgefüllt, und jetzt grämt sich der wimmernde Bonzo in einem Albtraum vom Verhungern?

Eine Spezialbehandlung mit Bauchkraulen ist immer willkommen – aber nach Menschenart hat er es auch gern, uns ein schlechtes Gewissen zu machen: Schämen sollen wir uns, wie echte Tierquäler.

# Die wahre Freiheit

Leider musste Kater Bonzo den ersten Schnee seines Lebens im Asyl verleben, weil meine Wirbelsäule in der Klinik repariert werden musste. Bonzo erhielt Gastrecht bei Ulli, Aaron und Miriam – aber er durfte nicht hinaus in Ullis Garten. Denn der Tierarzt hat uns belehrt, dass man Katzen in fremden Wohngegenden nicht vor die Tür lassen darf, sonst sind sie weg. Die Mutter von unserem Dr. Iraki wohnt nämlich in Haifa, und obwohl Israel ein sehr kleines Land ist, hat ihre schlaue Katze 150 km in freier Wanderschaft an ihren Streuner-Ausgangspunkt zurückgefunden. Man muss denen alles zutrauen.

In den Tagen meiner Abwesenheit hatte Kater Bonzo aus Protest die Wohnung auseinandergenommen: Zum Beispiel einen Tüllvorhang mit Gartenpanoramablick hat er mit ganzer Krallenkraft auseinandergeschlitzt, ritsche-ratsche von oben bis unten, um sich sein Sichtloch zu vergrößern. Ein Geranientopf landete unter dem Flügel als Spezialbewässerung – Bonzo allein zu Haus birgt das Risiko eines mittleren Erdbebens. Deshalb haben Ulli und Harald beschlossen für Kater Bonzo, den Hausbesitzer ohne Hausschlüssel, ein eigenes

Loch in die Terrassentür einzubauen, für souveränen Zugang und Ausgang zwischen Katzen-Privatgemächern und Gartenrevier. Bonzo bekam eine Katzenklappe.

Ulli schleppte die originalverpackte Katzenklappe nebst allen Baumarktmaterialien herbei, bohrte und sägte und hämmerte bis spät in die Nacht, und das Einzige, was den neugierigen Bonzo zunächst daran interessierte, waren die leeren Baumarktkartons: rein-raus-hupf-krabbel-bolz-hops-peng – kuckuck, wo bin ich?

Die Gebrauchsanleitung zur Vor- und Rückwärtsbenutzung der neuen Katzenklappe erwies einen IQ von mindestens 180 bei Bonzo – so schnell hatte er das kapiert: rein, raus, weg! Klippklapp, und wieder hinein! Ein souveräner Hausbesitzer ist nicht darauf angewiesen, dass ihm seine Untermieterin die Tür aufmacht – er entweicht durch seine maßgesägte Straßenstreuner-Katzenklappe »Villa Bonzo«.

# Gourmet-Katzen

Kater Bonzo entwickelt sich immer mehr zu einem Feinschmecker. Verwöhnt von Haralds abwechslungsreichem Küchenzettel zeigt er uns, dass er durchaus nicht mehr alles frisst, was bei uns serviert wird. Selbst wenn die Werbung vor Begeisterung Purzelbäume schlägt: Bonzo ist wählerisch. Er lässt auch glatt mal ein paar Portionen stehen, verschmäht Büchsengerichte mit Soße, grunzt missmutig, wenn's ihm nicht schmeckt, und dreht der Mahlzeit desinteressiert den Rücken zu, wenn ihm der Fleischduft nicht angenehm in die Nase steigt. Kurz: Bonzo ist ein arroganter, genießerischer Lüstling mit einem unstillbaren Versorgungsanspruch und sehr exzentrischer Freizeitgestaltung. Und er schätzt es sehr, wenn der Harald ihm jene Kräckertütchen mitbringt, mit denen die Hersteller ihren hörigen Vierbeinern das Trockenfutter schmackhaft machen (angeblich ohne Aromastoffe – aber mit Lockdüften gespickt wie ein chinesischer Hühnersuppentopf).

Wir warten nur noch auf die Spezial-Hunde- oder Katzenköche im Fernsehen, mit Probe-Fressi bei Schuhbeck und Preisausschreiben »Wer schleckt am schnellsten die Schüssel blank?« oder »Gut gestohlen ist halb verdaut: Die schnelle Pfote erwischt den besten Hummer«. So schnell wie verfressene Katzen lernen höchstens noch die Kinder karrieregieriger Erfolgseltern ihr Englischpensum im Internationalen Kindergarten. Trotzdem gibt es noch Steigerungen. Gerade hat Bonzo draußen auf dem Fensterbrett ein Eichkatzl herumturnen sehen, das seinen Jagdtrieb geweckt hat, und man konnte sehen, wie ihm das Gourmet-Wasser im Mund zusammenlief: Natur schmeckt halt immer am besten.

# Bonzo und die Moral

Vom dauerhaften Schneegeriesel genervt, sucht Kater Bonzo die winterliche Langeweile mit seiner genetisch vorgeprägten Lieblingsbeschäftigung zu vertreiben: Er hüpft durch die Schneelöcher ins Gebüsch und fängt Mäuse. Leider immer auf seine gemeine sadistische Art: Das Opfer langsam durch Pfotenhiebe betäuben, ins Haus schleppen, quer durch die Zimmer schleudern, so tun, als ob es flüchten wollte (obwohl er es längst totgemacht hat) – und es dann als Spielball benutzen. Stolz zeigt die Katze, was sie alles kann.

Nächste Frage: Wo versteckt Bonzo die tote Maus? Seine Vorgänger-Katzen pflegten ihre Beute in den Bücherregalen einzumauern, und falls sie noch lebten, hinterließen sie dort bald Nestbauer-Spuren (aus Büchern Papierschnitzel machen!) und verbreiteten den Modergeruch von Mäuseklos. Später fanden wir dann Mäuseskelette in den seltsamsten Ritzen: Die Maus ist ja äußerst überlebenstüchtig, auch wenn sie nur knapp einem Katzenbiss entronnen ist, und gibt nicht so schnell auf.

Doch da Bonzo vergleichsweise ein Arnold-Schwarzenegger-Muskelprotz ist, hat er auch die kräftigste Überlebensmaus schneller platt-

gemacht, als die Maus sich eine Gegenstrategie ausdenken kann. So müssen wir leider bei den übelsten Mordtaten zusehen, schlimmer als beim *Tatort*, denn Bonzo hat ein ähnliches Unrechtsbewusstsein wie ein deutscher Steuerhinterzieher in der Schweiz, nämlich gar keins.

# Katzen-Neurosen III

Harald behauptet, Kater Bonzo habe ein frühkindliches Trauma und führe sich auf wie ein Geistesgestörter. Wenn er sattgefressen ist, rollt er sich in seine Polster und lutscht an seiner Schwanzspitze. Die ist inzwischen bereits zu einem dünn behaarten, schmalen, nass geschleckten Wurmfortsatz geschrumpft, und er schläft schnurrend und schwanzschmatzend ein. Manchmal nimmt er auch Kissenzipfel zu Hilfe, um etwas zwischen den Zähnen zu mümmeln.

Den Verdacht, er sei zu früh der Muttermilch entrissen worden, weist Harriet, die Besitzerin der Mutterkatze und der Bonzo-Geschwister, weit von sich. Denn Bonzo sei von dem ganzen Wurf von Anfang an der größte, kräftigste und durchsetzungsfähigste gewesen, ein Rowdy von klein auf, frech und vorlaut und kaum zu bändigen. Und nun ein einsamer, paranoider Selbstverstümmler?

Obendrein erschreckt er uns mit verwegenen Streunerausflügen: Schon um sieben Uhr früh haut er ab durch die Katzenklappe – und ward nicht mehr gesehen bis in die abendliche Dunkelheit. Wo treibt er sich herum? In unseren Albträumen wähnen wir ihn als Straßenopfer, überfahren von einem Autodeppen, der nicht weiß, was eine

30-km-Zone ist. Oder aus Versehen eingesperrt von Leuten, die für sechs Wochen in der Karibik sind und den schwarzen Bonzo für einen abgelegten Pelzfummel aus ihrer Luxusgarderobe gehalten haben (die Zerstörung ihres Hauses wäre ihnen gewiss). Wir suchen Erleuchtung über die seelischen Abgründe unseres schwanzfixierten Bonzo.

# Katzen-Neurosen IV

Verschreckt wetzt Kater Bonzo gelegentlich ins Haus zurück, wenn der Wind draußen wieder einen angebrochenen Ast herunterholt und damit auf neugierige Katzen zielt: Bonzo ein Angsthase? Die Familie hat sich derweil aufgespalten: Die einen wollen mich wegen Bonzo-Verleumdung verklagen, denn es sei gar nicht wahr, dass Bonzo schon als Kleinkind ein frecher Rüpel gewesen sei – im Gegenteil: Als stiller Schüchterner galt er für Kenner von Harriets Katzensippe, der sich sofort in Fluchtnischen vertrollt habe, wenn sich die Geschwister prügelten, dass die Fellfetzen flogen. Was also nun? Sanftes Weichei oder grimmiger Fitness-Brummer?

Immer schärfer erscheint die Welt als Spiegelbild unterschiedlicher individueller Wahrnehmung: Wenn Kater Bonzo sich behaglich schnurrend in meinen Daunenkissen ausstreckt, macht er sich so lang wie eine Giraffe und döst leise vor sich hin – keine Spur von dem Krawallo, der Polster, Schuhe, Teppiche und Vorhänge ruiniert. Gleichzeitig wird aus Harriets Katzenhaus berichtet, dass Luna, die letzte weibliche Diva aus Bonzos Geschwisterschar, in eitler Königinnenpose auf einem Baumstumpf sitze, umzingelt von sämtlichen

Kavalierskatern aus den Nachbarsgärten, die werbende Grunz- und Jaultöne von sich geben, um die Katzenlady zu erobern. »Die Katzenpopulation drängt im Frühjahr ins Freie«, sprach ein TV-Berater-Tierarzt weise – denn immer lockt das Weib, und ein Katerkonzert vor dem Haus einer paarungswilligen Katze könnte einen Hund jammern, der hinter einer Hundelady her ist. Aber unverdrossen wollen uns katholische Institutionen weismachen, dass es so etwas wie Sexualität gar nicht gibt.

# Hausfriedensbruch

Hilfe! Eine Fremdkatze in Kater Bonzos Reich! Eine unbekannte Rotgetigerte aus den Nachbarsgärten, eine wahre Laufstegschönheit mit buschigem Schwanz, viel attraktiver als alle Topmodel-Tussis von Heidi Klum zusammen, stand eine Weile vor Bonzos Katzenklappe und hatte dann den Trick entdeckt, wie man sich den Weg durch das Klappenloch bahnt.

Empörung bei Bonzo: Hausfriedensbruch! Ob er gleich seinen Anwalt anruft? Was wagt dieses geschniegelte Covergirl? Steuerte forsch in die Küche zu Bonzos Futternapf, fraß gar zierlich und jagte dann hinter Bonzo her, Treppe hoch, plop aufs Sofa, plop auf den Flügel, kurz am Katzenklo im Bad vorbei und ein Würstchen außerhalb des Katzenklos hinterlassend. Bonzo in Fauch- und Kampfstellung mit drohend erhobenen Pfoten – doch die Rothaarige tat ganz sanft und nett und führte sich auf wie daheim.

Mit dem unschuldigsten Schmeichelblick wanzte sie sich bei uns an, und Bonzo schaute sie an wie ein außerirdisches Monster. In einer Schneeschaufler-Pause bei offener Terrassentür ist die Besetzerin vom anderen Stern dann diskret wieder entwichen. Bonzo doppelt beleidigt: 1. Ponkie hat das aufdringliche Luder wohlwollend gestreichelt, und 2. schneit es draußen schon wieder, das reicht jetzt – Bonzo hat die Schnauze voll vom Winter, von Nachbarskatzen und anderen Unannehmlichkeiten.

Bonzos Bedürfnis nach unterhaltsamer Geselligkeit ist offenbar begrenzt: Er pfeift auf Katzen- und Hundebesuch und will seine Ruhe vor den Zudringlichkeiten lästiger Streichelmenschen. Da zeigt er halt gern die Manieren eines arroganten Schnösels.

# Selbstbehauptung

Neuer Familienschreck: Bei Bonzos Schwester Luna wurde der Zeitpunkt fürs Sterilisieren verpasst – wahrscheinlich ist sie schon schwanger, und wir müssen für den Nachwuchs neue Katzenfreunde suchen. Denn unser Bonzo duldet keine anderen Katzen neben sich und hat uns schon klargemacht, wem das Haus und die Futternäpfe und die Blumenvasen mit dem Moderwasser gehören – alles im Alleinbesitz von Bonzo. Wir Untermieter dürfen auch nicht an weitere Mieter untervermieten, sonst straft er uns mit schlechter Laune und lässt eine unsympathische Gutsherrenmentalität heraushängen.

Bonzos Streunersitten ersparen uns übrigens Arbeit: Er benutzt sein häusliches Katzenklo nur noch selten – offenbar findet er es in Schneelöchern und Erdmulden interessanter. Und er kommt immer nur kurz ins Haus, um seine Schlafstellen und Schlummerkissen zu kontrollieren und sich zu überzeugen, dass die Futterschüssel gefüllt ist. Er hat uns zu willigen Domestiken dressiert, und im bald hereinbrechenden Osterfrühling dürfen wir auf seinen Gartenpolstern mit ihm frühstücken. Der Hund ist ein treuer Diener, die Kat-

ze hingegen eine autoritäre Ego-Zicke, bei der ihre Untermieter nichts zu melden haben. Von Nachbarn erfahre ich zwar, dass Bonzo neugierig durch fremde Terrassenfenster in fremde Wohnzimmer schaut, aber von Hausbesetzungen mittels fremder Katzenklappen wurde noch nichts berichtet. Unsere Mutmaßungen schwanken zwischen Bonzos Vorsicht (er traut sich nicht!) – oder Bonzos Arroganz: Hab ich das nötig? Wer weiß. Ein fremder schwarzer Kater streift derzeit durch den Garten, viel größer und dicker als Bonzo. Konkurrenz!

# Ameiseninvasion

Die Tierwelt hält immer neue Überraschungen für Bonzo bereit. In der Küche beobachtet: Bonzo und die Ameisen. Immer, wenn Essbares ruchbar wird (angebissene Semmeln, Butterbrotreste) strömen plötzlich Krabbel-Armeen von Ameisen aus unsichtbaren Ritzen und irritieren Bonzos Fänger-Instinkt. Sie sind zu klein, um sie mit der Pfote gezielt zu fassen, aber sie sind zu viele, um diese schwarze Wandertruppe einfach zu übersehen.

Gebannt starrt Bonzo auf den schwarzen Ameisenbatzen, der Kuchenbrösel transportiert und sich wie eine Flutwelle in die Länge und Breite verändert. Scheußliches Insektenpack! Da mag Bonzo schon lieber richtige Spinnen, die kann man plattmachen. Doch die wuseligen Ameisenkolonnen sind eine echte Herausforderung für beschäftigungslose kleine Kater – Geisterbataillone aus unterirdischen Geheimquartieren. Wer weiß, welchen Ärger ihm noch die Fliegen, Bienen, Wespen und Hummeln bereiten werden, und die vielen Käfer, die sonst noch alle im Sommer unterwegs sind.

Seit der Schnee weggetaut ist, sitzt Bonzo stundenlang vor einem Baumstumpf und lauert auf Beute. Und neulich hat sogar einer ein

Steiff-Stofftier über den Gartenzaun geworfen, ein abgezuzeltes nachgemachtes Kuschel-Eichkatzl. Bonzo zeigte sich erst perplex – dann hat er gleich weiter daran herumgezuzelt. Kinderspielzeug ist besser als gar nix.

Die Frage ist: Was macht eine Katze alles aus Langeweile? Kommt sie auf solche abartigen Ideen wie Teenies, die ihre Freizeit totschlagen? Zum Glück kann sie sich nicht mit Musik zudröhnen, sich Glückspillen einwerfen oder das Internet mit Facebook-Gelabere volltexten. Und zum Glück gibt es kein Katzen-Handy!

# Besitzrituale

In der Comic-Serie *Charlie Brown* schnullert der schüchterne Linus immer an seiner Schmusedecke: ein Lutschgenuss als Ersatzbefriedigung für ungestillte Liebesbedürfnisse. Kater Bonzos Schmusedecke ist ein altes, abgewetztes Frottierhandtuch, weich und warm und waschmaschinengrau. Wir haben es ihm auf seinem Korbstuhl ausgelegt, damit er die frischen Kissen nicht mit seinen nassen Erdpfoten einsaut.

Seitdem lutscht er an dieser Schmusedecke, laut schmatzend oder behaglich schnurrend. Seine Dankbarkeit für unsere Fürsorge ist dabei gleich null – wir können bleiben, wo der Pfeffer wächst. Und es ist auch sinnlos, eine ähnliche Schmusedecke irgendwo anders auszulegen, auf einem anderen Sessel oder Sofa oder Korbstuhl. Bonzo ist eben ein Gewohnheitstier: Hier und nirgendwo anders wird gelutscht. Wir haben gelernt, Bonzos Rituale zu bedienen.

Dementsprechend wutentbrannt war sein Geschrei, als eine neue Fremdkatze Bonzos Katzenklappe erstürmte und auf der Schmusedecke und den nächstliegenden Teppichen Erd- und Katzenklospuren hinterließ. Der Stinkegast schüttelte sein besudeltes Angorafell in alle Richtungen, und Bonzo saß belämmert in seiner reinlichen Saubermannwelt, schaute regungslos zu und wartete, dass sein Dienstpersonal die Reinigung seiner Schmusedecke übernahm.

Die Belästigungen durch Paparazzi der Boulevard-Klatschpresse hätten Bonzo kaum ärger auf den Wecker fallen können. Er genießt zwar seinen Promi-Status, aber seinen Besitz möchte er schon schützen vor den Fans.

# Bonzos Privatsphäre

Kaum haben wir uns an Bonzos Gewohnheiten gewöhnt, wechselt er listig seine Marotten. Wir als seine dämlichen Untermieter suchen ihn jetzt vergeblich auf seinem Lieblingssessel, in seiner Lieblings-Kissenburg, in seiner Lieblings-Hutschachtel – kein Bonzo weit und breit. Er ist einfach umgezogen. Sitzt jetzt plötzlich unsichtbar unter seinem eigenen Korbstuhl, rollt sich in eine entlegene Büchernische, blickt von einem Schrank auf uns herunter, klettert auf meinen Schreibtisch und legt sein Hinterteil sorgfältig auf die Computertastatur.

Warum? Das Katzenhirn tickt rätselhaft. Vielleicht hat er ja nur ähnliche Wünsche, wie sie von Möbelfirmen ihren Kunden in buntfarbenen Polstergarnitur-Prospekten immer untergeschoben werden: Öfter mal was Neues! Das ganze neue Wohngefühl mit Wasserbett und siebeneckiger Couch und indischem Bambusrohrtischchen und tibetanischer Buddha-Statue. Alles, was man nicht braucht, aber haben möchte.

Da denkt sich unser Bonzo vielleicht: Warum soll ich immer in derselben Korbsesselkuhle hocken, wenn ich womöglich auch eine

Biedermeierbank oder einen antiken Fußschemel finden kann? Obwohl wir unseren bodenständigen Bonzo eigentlich nicht für einen versnobten Lifestyle-Trottel halten, der auf jeden Trend hereinfällt: Man weiß ja nie, was in ihn gefahren ist und ob ihn ein kreativer Schub erwischt hat. In den ersten Sonnenstrahlen liegt er ohnehin wieder entspannt und ausgestreckt auf dem Gartentisch neben der Zuckerdose und dem Semmelkorb.

# Edeltiere und Ekeltiere

Wer viele Katzen kennt, weiß, dass keine Katze wie die andere ist. Man unterscheidet Charakterkatzen, Luderkatzen und Opportunistenkatzen, schreckhafte Neurotikerkatzen und bauernschlaue Rosstäuscherkatzen. Wenn man gemein ist, kann man sogar behaupten, es gibt so viele Katzentypen wie Mieter in der TV-Bandwurmserie *Lindenstraße*.

Gerade hat wieder ein Krähenpaar im Garten ein fürchterliches Gekreisch veranstaltet aus dem Obergeschoss einer hohen Lärche, in der auch Amseln und Eichelhäher ihre Luxuswohnungen gebaut haben – als wollten sie Kater Bonzo beschuldigen, der ganz unschuldig nebenan im Gebüsch saß. Verdächtigen sie ihn wieder hinterhältiger Mordabsichten? Wo er doch so lieb und nett ist!

Andererseits gibt es auch Tiere, die wir ganz ungeniert hassen und mit den übelsten Schimpfnamen belegen. Wenn wir an Bonzo eine Zecke entdecken, werden wir mit Leidenschaft zu Zeckenvernichtern. Diese Blutsaugerbestie, die elende Kanaille, hat sich meist schon zum Ballon vollgesogen. Aber sie mag sich noch so prall festkrallen im Katzenfell: Wir schreiten mit der Zeckenzange erbar-

mungslos zur Vertilgung, gönnen dem Mistvieh keine lüsterne Vampirmahlzeit, von der es sich genetisch vorbestimmt ernähren will, und befreien sämtliche Familienkatzen (Bonzos Mutter und Geschwister) von der blutgierigen Zeckenplage.

Im schlimmsten Fall kriegt man die Biester nicht richtig zu fassen, und sie landen auf dem hellen Teppichboden, wo dann einer aus Versehen drauftritt und eine große Schweinerei hinterlässt. Leider gehören auch die Zecken zur Natur. Aber sogar unser Tierfreund Ulli, der verirrte Spinnen eigenhändig in den Garten trägt, stößt bei Zecken an die Grenzen seiner Menschengüte.

# Herr der Fliegen

Das schnellste von allen Insekten ärgert Kater Bonzo am meisten: die Fliege. Vergeblich versucht er, diese Brummer mit der Pfote am Fenster zu fangen, krallt sich an die Vorhänge, um sie dingfest zu machen, hüpft quer über Tische und Stühle und strampelt sich ab – aber die Fliegen erahnen alle Attacken im Voraus und flitzen weg, wenn Bonzo nur mit der Schwanzspitze zuckt (ein Warnsignal für alle Beutetiere).

Die Schnelligkeit der Fliege ist immer ein Ärgernis, ob es um den Wursteller, den Brotkorb oder die Kuchenplatte geht. Da die Fliege obendrein ein Schmutzfink ist, der sich auf jedem Abfallhaufen breitmacht, ist sie in jeder Küche unbeliebt, und wir haben nichts dagegen, wenn Bonzo Fliegen aus dem Verkehr zieht.

Allerdings geistert uns dann immer jener Film durchs Gedächtnis, in dem ein Wissenschaftler lernt, sich so weit zu verkleinern, dass sich ihm alle artenspezifischen Fliegenreflexe offenbaren: Er reagiert als Fliege. Was dann bei der Rückverwandlung in die menschliche Größenordnung teuflische Schwierigkeiten macht, besonders, wenn man einer Spinne ins Netz geht. Man wird nicht ungestraft zur

Fliege – und man wird auch nicht so schnell zum tapferen Schneiderlein, das »Sieben auf einen Streich« erledigt. Bonzo könnte es höchstens bis zum Miau-Chef der Bremer Stadtmusikanten bringen. Oder zum gestiefelten Kater, der das Königreich der Brüder Grimm verteidigt.

# Bonzo auf Egotrip

Wer bei einer Katze zur Untermiete wohnt, darf nicht damit rechnen, dass er besonders schmeichelnett behandelt wird: Unser Bonzo zeigt uns immer deutlich, dass wir ihm schnurzpiepegal sind. Die äußerste Gnade, die er unseren Annäherungsversuchen erweist, liegt meistens darin, dass er sich langgestreckt auf den Rücken dreht und uns seinen Bauch zum Kraulen entgegenreckt. Sonst legt er keinen Wert auf Anfassen.

Sein Wellnessprogramm beschränkt sich auf weiche Polster, auf denen er sich von seinen Jagdausflügen ausruht, nachdem er vorher alle Beutereste im Haus verteilt hat. Aber auch die übrige Tierwelt bedient sich an unserem Eigentum, rupft Kissenfüllungen und Schaumstoffteile aus den Terrassenpolstern: Die Nestbaumeister klauen, was sie kriegen können, und nutzen Vogelkacke als Zement. Die Natur ist ein reicher Baustoffmarkt. Und wir gönnen natürlich jedem Eichkatzl und jedem Zwitschervogel sein Diebesgut – als Entschädigung für nächtliche Schreckensbegegnungen mit Jägerkater Bonzo. Gerade ist er wieder aufgewacht aus einer Schnarchpause, bereit zum Ausflug in die Dämmerung. Streckt uns noch einmal gnädig den Katerbauch zum Kraulen entgegen, tankt Kraft an seinem Futternapf – und weg ist er, schwupps, ab durch die Katzenklappe. Was schert mich mein Mensch – er soll froh sein, wenn ich wiederkomme.

Und wir sind natürlich heilfroh, wenn er wiederkommt – weil wir doch nie wissen können, welche grässlichen Unfälle ihm widerfahren sein könnten, wenn er als Abenteurer zwischen den Autos herumturnt, anstatt behaglich in seinem Korbstuhl zu schlummern.

# Bonzo, König der Asozialen

Pünktlich zum Muttertag bekam Kater Bonzo neue Verwandtschaft: In Harriets Katzenhaus verkroch sich Bonzos Schwester Luna in den Bettkasten eines Wohnzimmersofas und brachte dort drei Katzenbabys zur Welt. Leider ist Bonzo ein Egozentriker und würde nie kleine Neffen und Nichten neben sich dulden. Seine Hausbesitzer-Allüren verhindern die Ansiedlung neuer Jungkatzen in seinem Herrschaftsbereich. Und mir reicht es schon, wenn Harald mir erzählt, wie Bonzo spätabends das Haus verlässt und draußen in stockdunkler Nacht als unsichtbare pechschwarze Horrorkatze furchtlos mitten auf der Straße sitzt und in fremden Gärten herumstromert, allen Gefahren der Wildnis ausgesetzt und leichtsinnig seine hemmungslose Freiheit genießend.

Wenn ich wüsste, wo er sich überall herumtreibt, hätte ich keine ruhige Minute mehr. Ähnliches gilt bei Teenie-Kindern, die mit Freunden unterwegs sind und in den Familienautos ihren frischen Führerschein erproben. Auf Mamas oder Omas Straßenverkehrsordnungs-Sprüche reagieren sie nur mit einem mitleidig genervten Augenaufschlag.

Wird also nichts werden mit Bonzo als netter Onkel oder gutmütiger Käpt'n Blaubär. Im grantigen Einzelgänger-Charakter gleicht er eher seiner Mutter Amy, die nur missgelaunt die dauerhafte Anwesenheit ihrer Sprösslinge erträgt, obwohl sie die viel lieber alle hinausschmeißen würde, weil die Mama ihre Ruhe haben will vor den Bälgern. Wir müssen halt wieder mal neue Katzenernährer suchen für drei entzückende Mini-Tiger, die darauf aus sind, eigene Häuser und Gärten in Besitz zu nehmen.

# Achtung, Glatteis!

Warum brennt bei mir nachts das Licht in der Küche? Weil Kater Bonzo mir zwischen Flur und Treppenhaus jede tote Maus mitten in den Weg legt in der Erwartung, dass ich ihn begeistert für jede Jägergabe lobe und belohne. Und weil ich im Dunkeln ungern, glitsch und quetsch, auf toten Mäusen ausrutschen will, lasse ich lieber das Licht an. Denn der Tritt auf fette Beute ohne Sichtvorwarnung gleicht einer unerwarteten Radarfalle mit Gruselschock.

Wir hören aber von allen Katzenfreunden, die einst Bonzos Brüder und Schwestern als Hausgenossen adoptiert haben, dass das stolze Präsentieren von Mäuseteilen überall beliebter Katzenbrauch ist. Wer auf nächtliche Beute tritt, hat eben Pech gehabt.

Aufmerksam schaut Bonzo dann zu, wenn ich mal nach einer unverhofften Glitschbegegnung den Teppich abschrubbe und die Überreste seiner Kadaver-Geschenke vom Boden kratze.

# Verwandlungen

Kater Bonzo ist jetzt 18 Monate alt, kennt alle Tücken des Wetters und die Vorteile eines festen Standorts mit williger Dienerschaft. Und nachdem er nun lange genug eine unfreiwillige Winterkatze gewesen ist (Wind, Regen, Schnee und Nachtfrost), kann er endlich als Sommerkatze unterwegs sein (Sonne im Pelz und saftgrünes Gebüsch zum Verstecken). Für die Sommerkatze gibt es zwei Wahrnehmungsformen: vor dem Rasenmähen – und nach dem Rasenmähen.

Vor der Golfplatzrasur unserer Bauernwiese sitzt Bonzo in einer malerisch bunten Löwenzahn-, Hahnenfuß- und Kornblumenwiese, geduckt im hohen Gras und genießerisch aus der Deckung lauernd. Nach dem ratternden Rasenmäher-Durchmarsch ist die Wiese zum flachen Grasteppich mutiert und dient nur der Ästhetik: Ein schwarzer Kater sieht darauf aus wie ein König im feinen Samtwams, majestätisch unter den Riesen-Agaven thronend und sich seiner Schönheit voll bewusst.

Das Wiesenmähen beschert Bonzo nun alle vier Wochen einen Performance-Wechsel: Erst schleicht er durch die täglich nachwuchern-

den Dschungelgräser – danach flegelt er eine Weile auf dem elegant kurz geschorenen Parkrasen. Bis der sich dann langsam wieder in einen Dschungel verwandelt. Jaja, ich weiß schon: Ein ordentlicher Bürger schneidet seinen Rasen mindestens alle vier Tage, wie sich das gehört in den besseren Stadtvierteln, wo man die Rasenkanten mit der Nagelschere nachbessert. Aber wir mögen es halt lieber schlampig – so wie der alte Schwabing-Literat Ernst Klotz, der in seinem Gedicht »Ein Germane ging zum Thing« den Germanen in einem »Tingeltangel« landen ließ, weil über »-eltangel« der Efeu hing.

# Bildung!

Dauerregen draußen. Wenn Kater Bonzo nachts von seinen Kurzausflügen ins Haus zurückkommt und sich, klitschnass und mit verdreckten Pfoten, erst einmal trockengeschüttelt und glattgeschleckt hat, lässt er sich gern behaglich in mein Daunenbett plumpsen und räkelt sich zur Schnarchpause. Später folgt seine Schlabbermahlzeit. Das ist immerhin ein reichhaltiges Tierleben und dient der Naturverbundenheit unserer Bio-Existenz.

Und da kommt unser berühmter Literaturkritiker-Guru Marcel Reich-Ranicki so einfach daher und lässt an seinem 90. Geburtstag wissen, dass das Fernsehen noch schlechter geworden ist, und zwar deshalb, weil da dauernd nur Tiere herumlaufen. Das sei doch furchtbar langweilig.

Bei allem Genuss an R.-R.-Verrissen melden wir hier den Einspruch von Kater Bonzo an. Denn zu den wenigen Lichtblicken des heruntergekommenen TV-Mediums gehören die Zootiere aller Art, die von ihren Tierpflegern vorgestellt werden. Die sind zwar nicht so eloquent wie Literaturkritiker, aber ebenso leidenschaftlich und fantasievoll in ihrer Anpreisung von charakterstarken Typen aus

Stall, Gehege und modernistisch gestyltem Zookäfig. Langweilig sind die nie. Das sind schon eher komplizierte Nobelpreisträger oder grönländische Landschaftsdichter, die R.-R. bekanntlich nicht ausstehen kann. Kater Bonzo liest auch lieber Katzenkrimis als Ulla Hahns preisgekrönte Lyrik. Und das Jung-Nashorn, das vom Pfleger »Schneckerle« genannt wird, hat durchaus das Format einer Romanfigur.

Bonzo schreibt gerade eine Beziehungsnovelle – er ist ein neuer Walser! Und er will Mitglied im Pen-Club werden.

# Sippenhaft

Während sich Kater Bonzo in der ersten Sommerhitze schläfrig im Schatten der Büsche räkelt, mache ich Besuch bei seinen drei Neffen (oder Nichten), den Katzenkindern seiner Schwester Luna, die bei Harriet das Regiment über Wohnzimmer und Wintergarten übernommen haben. Überall kleine schwarzweiße Katzenkugeln piepsend übereinanderpurzelnd und in rasender Schnelligkeit von einer Ecke in die andere krabbelnd und zappelnd. Da braucht keiner mehr Telenovela-Soaps und anderen Fernseh-Schmonzes – die Erziehung von Katzenbabys durch Katzenmütter ist wesentlich aufregender als jede Krimiserie.

Wir kreischen und tröten auch nicht wie die Fußballfans bei ihren WM-Events, sondern sitzen andächtig im Kreis herum oder liegen auf dem Bauch und schauen zu, wie die Kleinen alles nachmachen, was die Mutterkatze vormacht. Die verteilt auch Ohrfeigen. Allerdings wesentlich feinfühliger als etwa der Bischof Mixa in seiner Frühphase katholischer Prügelpädagogik. Da sind Katzen der göttlichen Gerechtigkeit schon etwas näher als die irdischen Handlanger der Kirche.

Daheim spielt Bonzo, bevor er auf seine Mitternachtspirsch geht, noch ein bisschen Katzenfußball mit seiner Pfotenkugel – aber ohne Trötenbegleitung und Getute und lautes Geschrei (Lärm mag er nicht!). Denn Bonzo gehört zu den Leisetreter-Tieren, samtpfötig und lautlos in der Stille lauernd, Gegröle und Gekreische meidend. Mit gespitzten Ohren erhorcht er die kleinsten Geräusche, reagiert auf das Knacken von Dielenbrettern und das Klirren von Schlüsseln, auf den Wind vor den Fenstern und die Regentropfen auf dem Gartentisch. Bonzo, der Ohren-Detektiv!

# Baugruben

Neuer Trauerfall aus Bonzos Verwandtschaft: Seine jüngste Schwester, schwarzweißgefleckt, die bei Harriets Nachbarn einen komfortablen eigenen Wohnsitz errungen hatte, lag – vom Auto überfahren – tot in der Garageneinfahrt. Und natürlich kommt uns gleich die Galle hoch gegen die Autoraser in der 30-km-Zone. Aber wenn wir ehrlich sind: Die Schnellbremsung ist auch verdammt schwer, wenn man selber im Auto sitzt und eine Katze plötzlich über die Straße geschossen kommt. Es gibt einen dumpfen Knall, und wir stehen als Katzenmörder da. Wir schämen uns, und man zeigt mit dem Finger auf uns.

Bonzo fläzt derweil als Solist und Alleinherrscher in seinem Reich der Nobelgärten – von denen sich allerdings einer nach dem anderen in eine Baustelle verwandelt. Denn Erbengemeinschaften wollen Kohle sehen und den teuren Baugrund schnellstens zugunsten lukrativerLuxusresidenzen loswerden (vier Residenzen in einem Abrissgarten!). Den Kater Bonzo schert das nicht, solange man ihm seine Dschungelbüsche über den Mauselöchern nicht abholzt. Aber die Motorsägen kreischen überall schon bedrohlich.

# Fallbeil des Schicksals

Kater Bonzo versetzt mich mit seinen wechselnden Gewohnheiten in permanente Unruhe. Er hat feste Streunerzeiten eingeführt: Abends gegen zehn haut er ab, kommt zwischendurch zu einer Mitternachtsspeisung an den Futternapf und wandert dann wieder bis acht Uhr früh durch sein Jagdrevier. Neuerdings aber kommt er erst nachmittags nach Hause – und beschert mir Horrorvisionen: Ich sehe ihn überfahren, vergiftet, eingesperrt in fremden Tiefgaragen, Kellern und Gartenschuppen. In Baugruben gefallen, von Grillrosten erschlagen – wo ist er? Als kastrierter Kater hinter einem Katzenflitscherl her? Geht er irgendwo fremdfressen, fremdschnurren, fremdanwanzen?

Wenn er dann still und leise am Futternapf auftaucht, bin ich erleichtert – aber nur bis zur nächsten Dauertour. Und ich erinnere mich mit Grausen an ein paar von Bonzos Vorgängerinnen, die eines Tages nicht wiederkamen (überfahren? Im Straßengraben verendet? Wer weiß). Das Nicht-Wissen ist die schlimmste Form eines Katzen-Verschwindens. Dennoch hat auch das Wissen seine Dramatik: Als Katze Resi einst ihre Jungen nicht mehr säugte, weil sie entzündete

Zitzen hatte, hat Enkel Lion das kleinste und schwächste Katzenbaby mit der Flasche aufgepäppelt, und aus dem kleinen Krepierl wurde ein wunderschöner großer Kater. Ein paar Monate später lag er totgefahren auf der Straße.

»Es steht geschrieben«, sagte der Araber zu Lawrence von Arabien, als der einen Dieb aus der Wüste gerettet hatte in dem stolzen Bewusstsein: »Nichts steht geschrieben!« Dann erschoss er den verurteilten Dieb eigenhändig.

# Sportkatzen

Aus Bonzos Tagebuch: Obwohl ich fast im Hitzekoma lag in diesem Frühsommer, tönte aus allen Menschenbehausungen grässliches Fußballgebrülle. Die plärrten unentwegt und bliesen mit ihren Tröten eklige Quäkgeräusche in die Luft, und aus dem Radio kam doofes Menschengequassel über die Psychologie des Gewinnens und Verlierens und welche Schlüsse man daraus ziehen kann vom Fußballleben auf den Erfolg im Büro, in der Justiz oder an der Börse. Aber das Psychogelaber von dem Herrn Netzer ist mir total wurscht – ich will eigentlich nur in einem kühlen Baumloch liegen, um den Heißluftschwaden in den Vorgärten zu entrinnen.

Aber diese Fußballquatscher nerven unsereinen so lange, bis wir dann selber Katzenfußball spielen mit allen verfügbaren beweglichen Gegenständen von Handy bis Joghurtbecher. So, und jetzt haue ich den Schlüsselbund und den Mainzelmännchen-Spielball und den Kugelschreiber oder was sonst noch als Wurfgeschoss taugt, mit Pfotenwucht und Krallentücke ins Tor (jetzt könnt ihr »Tooor!« schreien). Ich habe einen scheppernden Treffer gelandet und könnte mit einer imaginären Siegertröte tröten. Aber die sind mir zu laut.

# Duftterror

Kater Bonzo ist offensichtlich ein Feind der Kosmetikindustrie. Denn jedesmal, wenn ich seinen Futternapf sauber gespült und mir danach die Hände mit einem fein parfümierten Hautpflegebalsam eingerieben habe, zeigt er mir deutlich, dass er es nicht schätzt, wenn ich ihm mit meinen edel cremeduftenden Händen das Fell kraule: Mit panischem Eifer fängt Bonzo dann sofort an, sich den Pelz zu schlecken – als hätte ich ihn mit den Lavendelduftwolken meiner seidenweichen Wundercreme unzulässig beschmutzt und er müsste nun auf Teufel komm raus mit seiner Zunge das Outfit gehörig blankschrubben. Gepflegte Kosmetikmenschen, die den Mauseloch-Streuner Bonzo anfassen, werden mit sofortigen Reinigungsmaßnahmen bestraft: Pfui, ihr Parfümstinker, jetzt muss ich wieder mit einer Zungendusche dafür sorgen, dass ich nicht nach Mensch rieche.

Dabei kann er froh sein, solange er nicht zwangsweise nach Tierarzt und Verbandszeug riecht – wie eine seiner kleinen Nichten in Harriets Katzenkindergarten, die eine Biene fangen wollte und im Nu mit einer geschwollenen Bienenstich-Pfote einherhumpelte. Jetzt trägt sie einen dicken Verband und riecht nach Medizinsalbe.

# Wellness-Werbung

Kater Bonzos Schnurr- und Schnarchgeräusche nach einer Streunernacht durch seine Gartenreviere verraten einen Entspannungszustand, von dem seine menschlichen Untermieter nur träumen können. Wir kochen, putzen, waschen, joggen – und schnappen entnervt nach Luft, wenn wir uns endlich in einen Liegestuhl schmeißen dürfen, um uns einen Pausentermin zu gönnen – streng nach der Uhrzeit, gerade noch vor dem nächsten Zahnarzttermin, Frisörtermin, Katzenfuttereinkaufstermin und Gartenbewässerungstermin.

Ganz anders Kater Bonzo: Er lässt sich in total lässiger Wellness-Pose der Länge nach ins Gras fallen, Bauch nach oben, streckt Pfoten samt Krallen von sich – und wir können für ihn bleiben, wo der Pfeffer wächst. Auch die Sangeskünste der Vögel interessieren ihn nicht. Jeder Muskel ruht einzeln auseinandergefaltet in der Wiese. Relaxing pur–Yoga ist Stress dagegen. Bonzo ist ein geborener Physiotherapeut, wir sind Gratis-Patienten bei ihm.

# Wohnungsmarkt

Aus Kater Bonzos Nörgel-Tagebuch: In meinem Sollner Gartenrevier machen diese Immobilienfritzen dauernd neue Baustellen auf, sägen Bäume ab, stellen Plakate für Luxusresidenzen auf, heben Tiefgaragen aus und versauen meine Katzenschlupflöcher. Und meine Löwenzahnwiese ist auch wieder gemäht worden, in der man sich so gut verstecken konnte – jetzt sitze ich als schwarzer Panther auf dem kurz rasierten Teppichrasen und muss warten, bis mein Dschungel wieder nachgewachsen ist. Die Mauselöcher werden auch immer weniger, weil die Leute alles in die Biotonne schmeißen anstatt auf den Komposthaufen, sie lassen überhaupt nichts übrig für bedürftige Mäusekolonien. Das sind alles nur noch magere Hungerhaken – es lohnt sich kaum, ihnen aufzulauern, so knochendürr wie die sind. Man müsste Katzenproteste organisieren gegen die Zubetonierung und Mini-Zerteilung von alten Gärten und lauschigen Malerwinkeln. Und im Nu ist immer alles voller neuer Verkehrsampeln und Parkplätze und Asphaltstraßen zum Durchbrettern für die Handy-Wichtigtuer in ihren aufgemotzten Autos. Zum Glück habe ich mir meine Untermieter gut erzogen – die wissen, was ich von ihnen erwarte!

# Staubsommer

Kater Bonzo sieht aus wie nach einer Wüstenwanderung: rötlich eingestaubt von den hängenden Würstchen blühender Birken und den fliegenden Pollen frühsommerlicher Pflanzenstaubschwaden. Er hinterlässt Spuren auf Fensterbrettern und Gartenstühlen, auf Bänken, Tischen und Blumentöpfen. Und wer das Bonzo-Fell krault, der hat Sandwolken in der Hand. Bis ich den großen Gartenschlauch nehme und die Pollenwolken wegspritze – aber auf das Nassgespritztwerden ist Bonzo auch nicht scharf. Lieber trocken, staubig und warm als feuchte Blütenstaubschmiere im Fell.

Und überhaupt: Wir gehen jetzt Pusteblumen fangen und was sonst noch herumfliegt in der Maikäferluft, Hummeln, Fliegen, Zitronenfalter, Krabbeltiere aus Efeu-Wänden, Wildem Wein und Knöterich-Rankengewächsen. Das ist Abenteuer! Was Bonzo nicht ausstehen kann, sind Leute mit Besen. Wenn ich mit dem Strohbesen den Staub aufwirble beim Kehren, niest Bonzo erbost und betrachtet die Saubermenschen mit seinem grantigsten Hausmeisterverachtungsblick.

# Im Bett mit Bonzo

Kater Bonzo entwickelt neue Gewohnheiten: Er beansprucht – wie alle Katzen – das Bett seiner Ernährer als bequeme Liegestatt, und wenn er sich erst einmal zusammengerollt hat auf der Daunendecke oder dem Kopfkissen des Bettinhabers, dann kann er es überhaupt nicht ausstehen, wenn der Bett-mitbenutzende Mensch einen unruhigen Schlaf hat und sich ab und zu bewegt. Das missfällt ihm, und er erweitert seinen Körperradius durch langes Strecken, bläst seinen Schnurr-Atem dem Mitschläfer direkt ins Ohr oder streckt die Behaglichkeitskrallen aus zum Zeichen seiner Besitznahme. So lange, bis sein Mitschläfer Platz macht und irgendwann aus dem Bett fällt. Auch wenn Bonzo nachts ins Haus zurückschleicht und in der Küche den Futternapf und die Wasserschüssel kontrolliert hat, hüpft er mit Erdpfoten in mein Bett, steigt auf mir herum, um sich eine schöne runde Schlafkuhle zurechtzutreten und sein mittlerweile beträchtliches Gewicht auf mir auszubreiten. Und als gelernter Katzensklave mache ich dabei keinen Mucks, um die Wellness-Position der Katze nicht zu beeinträchtigen Denn die Katze versteht einfach mehr von entspanntem Schlafen als ihr Untermieter.

# Nörgel-Bonzo

Aus Kater Bonzos Tagebuch: Tagelang hocke ich schon auf meinem Polstergartenstuhl unterm Balkondach und schaue hinaus, wie es regnet. Tröpfelt. Bieselt. Gießt. Wer mag sich da noch im Gebüsch auf die Lauer legen: alles nass und ungemütlich. Es ist stinklangweilig, und meine Untermieter tragen überhaupt nichts zu meiner Unterhaltung bei. Was denken die sich. Ab und zu tratschen sie über meine Nichte Pippa in Harriets Katzenhaus, die sich ständig als Klein-Diva in zuckersüßen Katzenkind-Posen mit Schmuseblick auf dem Schoß von Schmusemenschen fotografieren lässt als getigerter Schnullibutz vom Dienst. Blöde Gans. Ein schlaues kleines PR-Luder ist das und eine raffinierte Rampensau für Pralinenschachtel-Fotos.

Dagegen bin ich immerhin der schöne Schwarze in der Familie, dreimal so groß wie meine Mutter Amy und meine Schwester Luna, fünfmal so groß wie meine Nichte Pippa und zehnmal so hochnäsig wie alle zusammen, wenn ich meinen Untermietern zeigen will, dass ist jetzt keine Sprechstunde habe. Und dann würdige ich auch die wild kreiselnden Eichkatzl keines Blickes, wenn die entdeckt haben,

dass ihr Gartenmensch ein paar Erdnüsse unter ihren Paarungstanz-bäumen ausgelegt hat, die sie dann sofort als Wintervorrat in Blun-mentöpfen und Staudenbeeten vergraben. Diese freiberuflichen Fut-tersucher können sich halt keine versorgungspflichtigen Untermieter leisten: Das Tier muss sehen, wo es bleibt – da bin ich froh, dass ich so eine Art Beamtenexistenz habe wie die Eisbären und die Nas-hörner im Tierpark Hellabrunn. Und die Hausbesitzer vom Club der Sollner Statuskatzen e.V. …

# Moderne Technik

Zum Aussortieren unmoderner Technik aus meinem Archiv (Videokassetten nur noch für Dinosaurier im DVD-Jurassic-Park!) hat mir Harald Kartons aus dem Keller geholt. Kartons bedeuten für Kater Bonzo sofortige Inbesitznahme durch artgerechtes Hineinlegen: Dreimal um die eigene Achse drehen mit Schwanzrolle rückwärts – und der Karton ist voll mit Katze.

Auch mein blöder Ordnungstrieb wird von Bonzo immer wieder falsch gedeutet: Als er in eine Gardine ein riesiges Loch gekrallt hatte, um durch das Loch schneller aufs Fensterbrett zu springen, wenn sich draußen was rührt (Hinausschauen ist unverzichtbares Katzenziel!), hängte unsere Magda eine neue Gardine ohne Loch auf. Darin sah Bonzo eine Aufforderung zu neuer Kreativität und krallte eifrig ein noch größeres Loch hinein.

Lasse ich meine Brille auf der Zeitung liegen, wirft Bonzo sie unters Sofa. Und weil es draußen vom Regen so nass ist, schaut er mich vorwurfsvoll an und erwartet, dass ich diese Sauerei abstelle. Leichtsinnig verspreche ich ihm die Anschaffung eines hochmodernen Katzen-Navigeräts mit Wetterdienst: »Jetzt bitte nach links abbiegen –

aber nicht in die große Baustellenpfütze treten und rechtzeitig der übergelaufenen Garagendachrinne ausweichen!« Zu Weihnachten kriegt er einen Laptop.

Irgendwann wird unsere digitale Zukunft auch die Katzenkommunikation ereilen und mit Katzen-Facebooks dem Chatroom-Gesabber virtueller Schwätzmenschen nacheifern. Und eines Tages muss man dann auch mit einem Internet-Treffpunkt für sittlich verwahrloste RTL-Katzen rechnen. Der Fortschritt nimmt seinen Lauf!

# Gesucht: Entertainer!

Oft überlege ich (wenn Kater Bonzo wieder einmal die Gartenvögel in Angst und Schrecken versetzt), wie man ihn ablenken könnte von seinem Jagdeifer. Ob wir uns ein paar Schafe halten sollten als natürliche Rasenmäher und gleichzeitig als Aufmerksamkeits-Subjekte für unseren Beobachtungs-Detektiv Bonzo? Oder ihm einen Teich anlegen mit kleinen grünen Gummikrokodilen, auf die er mit der Pfote draufhauen kann? Oder ein paar Hühner halten für seine Illusion, er sei eine freischaffende Bauernhofkatze? Mit krähendem Hahn – das wäre lustig, weil Großstädter doch so empfindliche Ohren haben gegen Kuhglocken und Hahnenschrei, von denen sie viel mehr gestört werden als von Formel-1-Getöse und Motorrad-Auspuffgeknatter.

Aber so emsig wir auch am Unterhaltungsprogramm für Kater Bonzo arbeiten – sein bevorzugter Lauerposten ist nun einmal seine Radarfalle am Vogelbecken. Da ist er so unbelehrbar wie das TV-Publikum, das am Samstagabend den blödesten Comedy-Shows die höchsten Einschaltquoten beschert.

Da Bonzo ja oft Zeuge meiner TV-Dienstpläne ist, nimmt er gelegentlich teil an meinem Berufszorn und hört meine Verwünschungen gegen die Humorquäler-Comedians, die sich über ihre eigenen Witze totlachen. Aber er bleibt hocken beim Glotzen – ein schläfriger kleiner Primitiver.

Wahrscheinlich träumt er angesichts der debilen TV-Hanswurste von realen Beute-Massakern und tobt im Geheimen seine niederen Instinkte aus: Seine spezielle Form der Fernsehkritik!

# Bonzo und die Tagespolitik

Kater Bonzo, unser dominanter Pascha, ging in seiner Eigenschaft als heimatverbundener, reinrassiger schwarzer Kater zu einer Versammlung national gesinnter Hauskatzen, die sich ihre Reviere ordentlich aufgeteilt hatten (auch gut integrierte Mischlingskatzen mit Migrationshintergrund, von getigert bis kariert, waren dort geduldet). Die Funktionärskatzen protestierten unter Anleitung der wichtigtuerischen Nörgelkatze Garfield-Sarrazin gegen zugewanderte Proletenkatzen, deren Intelligenz nicht ausreichte, sich betuchte Fütterungsmenschen anzulernen. Deren Gene – so hatte Bonzo aus dem Gequatsche zeitungslesender Menschen herausgehört – waren mit fremdländischen Gewohnheiten versaut. Sie miauten penetrant in Richtung Mekka und schwängerten unentwegt alle verfügbaren Straßenkatzen, die dann Sozialhilfe mit zusätzlichem Trockenfutter beanspruchten.

Bonzo kam erst frühmorgens von dieser politischen Strawanzertour zurück und machte sein gehässiges fremdenfeindliches Garfield-Gesicht, weil Fremdstreuner inzwischen schon wieder ein paar von seinen hier ansässigen Vorratsmäusen aufgefressen hatten, die ihm eigentlich nur zustehen. Er macht jetzt eine Homepage im Internet, damit es den ungebildeten Schmarotzerkatzen verboten wird, sich hemmungslos zu vermehren!

Sollte Bonzo ein Rassist sein? Ein dämlicher Leser der Brüllzeitung? Gar ein Neonazi? Wir werden ihn in ein Fortbildungsseminar für genetisch verkorkste Krawallkatzen schicken müssen, weil er sonst wohl völlig dem vorprogrammierten Eigennutz und der Freibeuterei des ererbten Katzencharakters verfällt.

# Bonzos Katzenrecht

Jetzt muss ich doch einmal Klartext reden über meine genetisch vorprogrammierten Bedürfnisse. Weil: Ich fange eben nicht nur Mäuse, sondern auch Vögel. Und ich habe Anspruch auf mein artspezifisches Sadistenspiel mit der noch lebenden flatternden Beute, die ich in Etappen totmache, wie ich das von meiner Katzenmutter gelernt habe. Wenn mich Menschen dabei erwischen, reden sie, peinlich berührt, gescheit daher über die »Grausamkeit der Natur«, und weisen auf die verstoßenen Jungtiere im Affen-Zoo, auf verhungernde Eisbärkinder und die von ihren Schafsmüttern nicht angenommenen Lämmer hin, und auf die verlassenen Rehkitze, die von Menschen angefasst wurden.

Aber obwohl ich ein Raubtier bin, nehmen sie es mir dann übel, wenn ich mich wie ein Raubtier benehme und einen ziemlich großen, zappelnden und piepsenden Jungvogel durch meine Katzenklappe ins Haus schleife, zu Tode schüttle und den Kadaver auf dem hellen Teppichboden verteile, wie das mein Katzenrecht ist inmitten der Ungerechtigkeiten dieser Tierquäler-Schöpfung. Außerdem bekomme ich zustimmende Leserbriefe von Artgenossen: Neu-

lich hat mir der Stummelschwanz-Kater Pizzi aus dem Chiemgau einen Schreibmaschinenreport über seine Feindabenteuer zukommen lassen. Und Ponkie musste zugeben, dass die Katzen-Lobby noch emsiger ist als die Atomindustrie.

Leider hat das Raubtier Bonzo auf artgerechte Weise recht. Und da sich das Raubtier nur seiner eigenen Zähne und Krallen bedient, um die Beute zu erlegen, brauchen ihm die Waffenhändler, Rüstungsgewinnler und Atomkraftspekulanten nicht mit Moral zu kommen. Die können »Moral« nicht einmal buchstabieren. So denkt jedenfalls Ponkie!

# Historischer Garten

Kater Bonzos angeborene Neugier bekam neue Objekte der Begierde: Die Gärtner waren da. Die besorgten nicht nur den Heckenschnitt, sondern mussten auch das wild wuchernde Dickicht auslichten und sogar ein paar haushohe Fichten kleinsägen. Die Gärtner schleppten Schaufeln und Umgrabe-Gabeln und Schubkarren herbei, häuften trockenes Geäst und morsche Stämme auf große Haufen und legten lauter Abenteuerspielplätze für Katzen an. Und Kater Bonzo, der gern bei den Nachbarn durch die Küchenfenster späht und keinen scheuen Blick in fremde Reviere auslässt, bekam ein Privattheater geboten mit der Aufschichtung von Wurzelwerk und hohlen Holzteilen, die der Specht kleingezimmert hatte.

Etwa vor 50 Jahren, als dieser Garten auf einer steinigen, baumlosen Wiese angelegt wurde, hätte Kater Bonzo höchstens ein paar ärmliche Mauselöcher vorgefunden. In den folgenden 20 Jahren haben wir immer einmal die Woche nachgemessen, um wie viele Zentimeter die mickrigen Heckenpflänzchen und Obstbäumchen und Fliederbüsche in die Höhe gewachsen waren. Und unsere Katzen sind in den nahen Wald spaziert, um in der Einöde Streunerabenteuer

zu erleben. Ich erzähle also dem Kater Bonzo immer, wie gut es ihm geht in diesem fetten, nahrhaften Dschungel voller Tümpel und versteckter Gebüschquartiere, einem wahren Katzenparadies. Aber was schert ihn die Geschichte von 50 Jahren!

# Bonzo geht spazieren

Bonzo nimmt, wenn Besuch kommt, zuweilen die Gewohnheiten eines Hundes an: Er hüpft im Dreieck an den Freunden hoch, springt körperwedelnd an die Beine, und man denkt, jetzt wird er gleich anfangen zu bellen. Das kommt auch den Verhaltensweisen seiner Verwandtschaft ziemlich nahe: Harriet erzählt uns, dass Bonzos Nichte Pippa bei ihren morgendlichen Spaziergängen stets im Optikergeschäft Bussmann um die Ecke Quartier nimmt, bis der Herr Bussmann bei Harriet anruft und mitteilt, dass die Pippa jetzt wieder auf dem Stuhl sitzt, auf dem sich die Kunden ihre Brillen anpassen lassen.

Braucht Pippa eine Brille? Oder sucht sie nur Ratsch-Gesellschaft, wie unsereiner am Gemüsemarkt oder beim Bäcker? Harriet holt dann ihre Pippa persönlich aus dem Brillenladen ab, als sei sie ein entflogener Wellensittich.

Wer weiß, wo Kater Bonzo überall Station macht, wenn er unterwegs ist: In der Sana-Klinik bei den Krückenmenschen (Knie und Knöchel)? Beim Frisör in Tinas Salon, wo sich Harriet die neueste goldgelbe Strähnchen-Mode im VIP-Look verabreichen lässt? Im

Bücherladen? Im Drogeriemarkt (mit den Katzenfutterbeuteln, in denen immer weniger drin ist)? Im Designer-Shop für englisches Möbel-Styling? Kultur-Snob Bonzo wird wissen, wen er mit seinem Besuch beehrt.

Doch das ist wie bei den erlebnishungrigen Teenagern: Manchmal können wir froh sein, dass wir nicht wissen, welche Schnapsidee sie gerade wo und bei wem ausprobieren. Neugier ist leider gefährlich – aber ohne Neugier bleibt man dumm.

# Bonzo auf Horchposten

Wo versteckt sich eine intelligente Katze, wenn sie ihre Ruhe haben will? Entweder sehr weit oben (auf dem Kleiderschrank, auf dem Garagendach, in den Mansardenwinkeln, oder sehr weit unten in der Waschküche, unter der Kellertreppe, in leeren Kartons. Und entgegen jeder Erfahrung schafft Kater Bonzo es immer wieder, dass wir so dämlich sind, ihn zu suchen. Obwohl wir genau wissen, dass er sich hier irgendwo zusammengerollt hat und irgendwann wieder zum Vorschein kommt, rufen wir mit Lockstimme »Bonzooo!«, eventuell auch »Mausikatze« oder »Schnecki!« oder »Duziduzi, wo bist du denn?« Was er natürlich mit Fleiß überhört und erst dann hervorgekrochen kommt, wenn wir es aufgegeben haben, ihn herbeizuflöten.

Manchmal gelingt uns ein Täuschungsmanöver: Das Geräusch der quietschenden Küchenschranktür mit lautem Schütteln des Trockenfutterpakets und dem Aufschlitzen eines Rindfleisch-mit-Soße-Beutels signalisiert eindeutig Raubtierfütterung – und schon wetzt Kater Bonzo durch die Küchentür. Wir müssen uns damit abfinden, dass sein Gehör viel feiner ist als unseres. Er hört die Mäuse husten.

# Triebtäter!

Wie sagt doch die Frau Stockl von der Kripo Rosenheim zu ihren Revierpolizisten aus der TV-Serie *Die Rosenheim-Cops*? »Mir hätt'n a Leich.« Zuerst dachte ich, Kater Bonzo hat wieder ein paar nasse Laubbatzen von draußen ins Haus geschleppt, das Ferkel. Ich wollte die Ladung Gartenkompost aufheben – und langte mitten hinein in etwas Weiches, Warmes, Feuchtes. Es war »a Leich«. Mörder Bonzo hatte ein Eichkatzl ohne Kopf durch die Katzenklappe hereingezwängt, Einzelreste unterm Esstisch zerfleddert und den buschigen »Oachkatzlschwoaf« einladend für die Spurensicherung ausgebreitet.

Nachdem er seine DNA überall auf den Teppichen verewigt hatte, schaute er stolz in die Runde und reagierte frech auf das strenge Verhör. »Was hast du da gemacht?«, zische ich nach Art moralisch angewiderter *Tatort*-Ermittler. Und: »Wo warst du die letzten zehn Minuten?« Bonzo erklärt sich für unschuldig. Weil: Er hat nur von seinem Naturrecht als großes, kräftiges Gartenraubtier Gebrauch gemacht, ein kleines, unvorsichtiges Nussknacker-Eichkatzl zu erbeuten und zu fressen. Eins, das ausnahmsweise nicht schnell genug war, in der grausamen Wildnis zu überleben. Bonzo, der Beutemacher, pfeift auf mein Sittenverhör – ihm ist auch völlig egal, dass der Papst endlich Kondome gegen Aids genehmigt hat. Bonzo folgt nur der Schöpfung und ihren dunklen Trieben!

# Jägeraugen, Jägerzähne

Bonzo variiert seine Sitzgewohnheiten. Zurzeit bevorzugt er das Dielenfensterbrett im ersten Stock, mit Ausblick auf die Straße, die Nachbarsgärten und die Solardächer: Da sieht man Autos, Radfahrer und Fußgänger mit Hund, dazu riesige Tannen, Birken und Ahornbäume mit Raben- und Krähenvögeln, Schnee im Geäst und den hohen Hecken. Bonzo ist ein aufmerksamer Gaffer – ihm entgeht nichts.

Obwohl: Katzenkenner haben daran gezweifelt, dass Bonzo einem Eichkatzl selber den Kopf abbeißen könnte, weil Katzenzähne zu schwach zum Knochenknacken seien – es müsste wohl eher ein Marder gewesen sein. Und Bonzo habe vermutlich dem mörderischen Marder nur den Restkadaver geklaut. Und wollte mir vielleicht nur eitel seine Diebesbeute zeigen. Aber wer ahnt schon die Motive von Räubern und Beutetieren. Dann schon eher die babylonischen Profitgelüste von Anlageberatern.

# Erst kommt das Fressen

Im Laufe eines halben Jahrhunderts hatten wir in der Bundesrepublik die Fresswelle, die Reisewelle, den Bauboom und die Studentenschwemme, aber am haltbarsten war das Brecht-Zitat »Erst kommt das Fressen, dann kommt die Moral«, das gilt immer noch, besonders für Katzen. Deshalb wurde Bonzos Schwester Luna als Betrügerin entlarvt.

Während der Tierarzt Müller-Landau, der sämtliche Katzengenerationen in Harriets Katzenburg geimpft, nach drei Würfen sterilisiert und an nahrhafte Plätze vermittelt hat, der Bonzo-Schwester Luna bereits eine neue Schwangerschaft zutraute, hatte sie sich nur unmäßig vollgefressen und ihr gemästetes Wamperl als vorgetäuschte Mutterwürde breit und genüsslich auf den Sofakissen zur Schau gestellt.

Kater Bonzos Fressgewohnheiten hingegen haben eine ganz andere Betrügerei ans Licht gebracht: Von dem, was er da täglich aus den Huhn-mit-Soße- und Rind-mit-Soße-Packerln vertilgt, schließen wir messerscharf, dass in diesen Gourmetbeuteln für die anspruchsvolle Katze immer weniger Füllung drin ist. So schnell wie der Bon-

zo einen Beutelinhalt verschlingt, so gering muss das Füllgewicht der Katzenmahlzeit gewesen sein.

Das bedeutet: Für den normalen Katerhunger bedarf es etlicher Schmatzbeutel zusätzlich, was der findige Hersteller wohl einkalkuliert und beabsichtigt hat. Denn er verlässt sich darauf, dass ein anständiger Katzenernährer genügend Beutelvorrat anschafft, damit so ein Vielfraß wie Bonzo nicht darben muss. Lieber geht der katzenversorgungspflichtige Mensch pleite. Und siehe da: Bonzo hat schon wieder seine Schüssel leergeschleckt. Wenn jetzt kein Vorratspackerl mehr im Schrank ist, dann hat der Katzenfutterfabrikant wieder mal gewonnen.

# Herbstfreuden

Im Herbst beschäftigt sich der Gartenmensch mit Laubkehren (mit dem Rechen, nicht mit dem Laubsauger!) und mit dem Abschneiden der hohen Stauden. Das fasst Kater Bonzo als Einladung zum Mitspielen auf: lange, struppige, gelb-rot-braun angetrocknete Raschelstengel in die Luft schmeißen, das restliche Blättergestrüpp in kleine Fetzen zerlegen, alles, was ich schon für die Biotonne auf kleine Haufen sortiert habe, wieder auseinanderwedeln und in alle Himmelsrichtungen verteilen. Hinterlistig aus dem Kompost-Kehricht herausspringen und sich in Menschenbeine festkrallen: chinesisches Tanztheater für unausgelastete Bewegungsaktivisten.

Auch die Auffüllung des versifften Vogelbeckens mit Frischwasser findet bei Bonzo pfotenstarke Aufmerksamkeit. Ein ähnliches Freiluftballett veranstalten Bonzos Nichten und Cousinen bei Harriets Gartenaufräumarbeiten – und man kann Katzengenerationen bei ihrer herbstlichen Ratsversammlung belauschen, jede auf einem eigenen Baumstumpf thronend. Streng auf Hierarchie bedacht und Ruhe bei den Jungschnöseln!

# Winterkatzen

Für Kater Bonzo lieferte der letzte Winter eine ganz neue Ästhetik: Der rabenschwarze Bonzo im komplett weiß zugeschneiten Garten als eine Art Designer-Jaguar – eine elegant gestylte Schwarzweiß-Skulptur als Landschafts-Schmuckstück. Kunst im Schnee.

Trotzdem entdeckt unser schwarzer Panther in den geheizten Innenräumen noch bessere Wirkungsstätten für seine Modelqualitäten: Derzeit lockt ihn auf meinem Schreibtisch der Ablagekorb, wie abgemessen für einen zusammengerollten Straßenstreuner, der sich mit nassem Schneefell dort breitmachen will. Seltsame Kratzgeräusche zeigen mir dann, was er an der Manuskriptablage so schön findet: Die obersten Blätter hinterlässt er mit zerfieselten Eselsohren und kleingekräuselten Seitenrändern. Bonzo ist gern gestalterisch tätig und lutscht nicht nur an Seidenschals und Kaschmirjacken, sondern auch an allem, was aus Papier ist.

Aber seine Winterträume sind vielfältig: Was schließen wir aus Bonzos Pfotentapper-Spuren um vier Uhr früh – wenn der geübte Schneeräumermensch zum ersten Mal in die Morgendämmerung hinausschaut, ob er sich nachher eine Laufrinne bis zum Gartentorbriefkasten freischaufeln muss? Wir hegen märchenhafte Abenteuervermutungen, was er da draußen macht im Schneegestöber – wo er doch daheim hinternwärmende Fensterbretter und plumpsweiche Daunenkissen im ganzen Haus zur Verfügung hat und sich den Bauch nicht in tiefen Schneelöchern nass machen muss.

Ich höre immer nur seine Katzenklappe zuschlagen und seine Futternapfkontrolle in der Küche – wo auch ein extra Wasserschlabberschüsselchen für ihn bereitsteht, weil der Extrawurst-Bonzo seine Getränke sonst aus den Blumenvasen holt, unter Ausbreitung alter Faulstengel und Schmierblätter des verfügbaren Pflanzenmorasts.

Bonzos Pfotenspur zum dritten Advent führte quer über die Straße in fremde Gärten, und meine Neugier kennt keine Grenzen, ob er sich vielleicht einen zweiten Fressplatz angeschafft hat. Vielleicht sind ihm unsere Delikatessenangebote zu fad?

# Adventskatzen

Kater Bonzo hat Grund, sauer zu sein. Denn wir haben ihm ein Spezialvergnügen für Katzen vorenthalten: Seit meine Kinder groß sind, finden nämlich die Vorweihnachts-Basteleien mit Adventskranz und dicken roten Kerzen und bunten Glitzerkugeln und Goldengerl-Firlefanz und gefüllten Nikolausstiefeln immer in Harriets Haus statt.

Ich begnüge mich in meinem Wohnzimmer mit simplen Tannenzweigerln. Das bedeutet, dass Bonzos Nichten und Cousinen bei Harriet viel mehr Spaß haben als der arme Bonzo bei mir. Er hatte nur ein paar mickrige Tannenzweigerl zum Spielen – während seine Verwandten bei Harriet einen ganzen Adventskranz herumschmeißen durften und die Nippes-Engerln und die blitzenden Kugeln und den Inhalt der Nikolausstiefel samt Bonbonpapierl und Schleiferl in wunderbare Chaos-Haufen zerlegen konnten. Dem vorweihnachtlich vernachlässigten Einzelkind Bonzo ist es ohne Chaos stinklangweilig.

Ich werde ihm zu Weihnachten ein extra Kripperl aufstellen müssen, mit Kamel und Esel im Stall von Bethlehem und den Heiligen Drei

Königen mit Gold, Weihrauch und Myrrhe, damit er etwas zum Herumkullern hat, vielleicht auch eine Glaskugel mit Rentieren im Schneegestöber. Das bisschen Festkrallen an meiner Schneeschaufel reicht einfach nicht für eine christliche Katzenunterhaltung nach deutscher Tannenbaumtradition.

# Silvesterkatzen

Wo kann man sich hier als ahnungsloser, hinterrücks überfallener Kater beschweren? Die Böller und Silvesterkracher waren das Allerletzte! Mein Fell haben sie mir versaut mit ihren klebrigen Rußbatzen – ich konnte den Baaz kaum wegschlecken. Da draußen war die Böllerhölle los. Die Glitzerkometen zischten und knatterten über Dächer und Gärten, und das Sollner Neujahrsmenschenvolk konnte gar nicht genug kriegen von dem blöden Raketengeheule.

Als ich durch mein Klappenloch ins Haus zurückgeflohen war, habe ich mich entsetzt unter meinen Korbstuhl im ersten Stock verzogen – denn in Ponkies Arbeitszimmer lief das Berufszapping-Fernsehen, und das war noch viel schlimmer als das Getöse draußen. Da hauten die *Silvesterstadl*-Hanswurste auf die Stimmungspauke, dass einem Hören und Sehen vergehen konnte. Draußen knallten die Böller, drinnen gab's Gekreische und Gewieher von verblödeten Frohsinnverkäufern und Spaßbrüllern – und überall Rußflecken. Ich muss eine volle Ladung erwischt haben und war die ganze Nacht mit Putzen beschäftigt. Diese Silvester-Deppen! Ich möchte jetzt ein Lachsfrühstück.

# Katzenfeinde

Kater Bonzo langweilt sich. Beißt den Blumen in der Vase die Köpfe ab. Schlürft Wasser aus den Tümpelpfützen im Garten. Legt sich mitten in den Weg, damit wir über ihn drübersteigen müssen. Rollt sich im großen Gemüsekorb in der Küche zusammen. Blinzelt in die Sonne und denkt, es sei schon Frühling. Zeigt uns, dass wir alle trübe Tassen sind – zu fantasielos, um eine kreative Katze angemessen zu unterhalten.

Wenn er wüsste, welche Ängste wir um ihn ausstehen, seit wir in der Zeitung gelesen haben, dass ein Halunke eine Nachbarskatze massakriert hat, weil sie tat, was alle Katzen ihrer Natur nach tun, nämlich auf Beutetiere lauern. Dazu gehören leider auch Vögel. Wir wissen ja nicht, ob Bonzo schlau genug ist, um der sadistischen Bosheit eines Tierquälers zu entrinnen. Und wir werden selber zu Sadisten und wünschen dem Kerl, er möge mal aus Versehen in seine eigene Dachsfalle treten – die einzig passende Strafe für einen, der offenbar alle bewährten Kindersprüche vergessen hat (»Quäle nie ein Tier zum Scherz, denn es fühlt wie du den Schmerz!«). Das Vögelbelauern können wir unserem Bonzo zwar nicht austreiben – aber

für die Vögel gibt es katzensichere Futterhäusln, das wird so ein blöder Katzenhasser ja noch hinkriegen. Und die Natur ist eben keine Romantiker-Idylle, in der nur die Vogerln zwitschern, sondern ein Biotop, das sein eigenes Gleichgewicht hält (solange der Mensch nicht die Regenwälder abholzt und das Klima ruiniert).

# Hausbesitzer-Allüren

Das Abgründige in Kater Bonzo gibt uns immer neue Rätsel auf. Reglos sitzt er als tiefschwarze Sphinx-Statue auf dem tiefschwarzen Flügel – ein Unsichtbarer, von dem nur schräge gelbe Augenschlitze einen Lauerblick durchs Terrassenfenster verraten. Jeden Annäherungsversuch menschlicher Streichelgrabscher straft er mit Nichtachtung (Marke: Lass mich in Ruhe, Unwürdiger!). Und er weiß seine Lässigkeit noch besonders hervorzuheben: Sich strecken und dehnen und einen Buckel machen betont die Anmut kätzischer Überlegenheit. Das ist echt cool.

Bonzos anarchischen Schrankbesetzungen haben wir allerdings durch streng geschlossene Schranktüren entgegengewirkt: Er hätte sich sonst in jedem halbvollen Wäschefach und in jeder leeren Pullover-Ecke häuslich eingerichtet. Auch gibt es nicht Dümmeres für einen Katzenhaus-Untermieter, als kleinere Gegenstände – wie Kugelschreiber, Kaffeelöffel, Medikamente, Ohrringe oder Halsketten – auf normalen Tischen herumliegen zu lassen. Denn eine mittelintelligente Katze nimmt alles in Besitz, was nicht niet- und nagelfest ist und was man einzeln in der Gegend herumschmeißen kann.

Wenn unsereiner in seinem lachhaften Ordnungstrieb die sorgsam auf Rezept erworbenen Tabletten gegen hohen Blutdruck und knirschende Gelenke säuberlich in Tagesrationen aufteilt und in kleine Kästchen abfüllen will, dann sieht Kater Bonzo das ganz anders.

Sein Pfotenspitzengefühl sagt ihm genau, wie man draufhauen muss, damit die großen und kleinen Apothekerpillen in alle Richtungen davonspringen. Wie die Blutdruckpille in die Obstschale hüpft und die Arthrosetablette sich zwischen die Bücher von Walser und Strindberg verflüchtigt, während Migräne und Bronchialhusten irgendwo in den Polsterritzen verschwunden sind.

Dann lümmelt Bonzo zufrieden neben der Zuckerdose und lauert erwartungsvoll, ob wir ihm vielleicht noch eine Tüte Erdnüsse oder eine Lederjacke mit Fransen überlassen für seine kreative Besitzvernichtung.

# Ausbeuter-Allüren

Kater Bonzo sitzt wie ein gelernter herrschsüchtiger Autokrat neben der glamour-blau schimmernden ägyptischen Kleopatra-Katze, die uns Freunde aus Kairo mitgebracht haben. Unserem Bonzo ist es natürlich ziemlich wurscht, ob den arabischen Kameltreibern jetzt endlich der Jahrhundert-Geduldsfaden reißt und sie endlich das tun, was sie schon lange hätten tun sollen, nämlich ihre Diktatoren in die Wüste schicken. Die Einzigen, denen solche Ausbeutermanieren zustehen, sind allenfalls unsere Haustiere, voran Hund und Katze – wobei sich die Katzen besonders egomanisch, korrupt und ohne jede Hemmung der ausbeuterischen Benutzung ihrer Untermieter widmen. Und während wir uns in diesen Tagen über jede TV-Reportage aus Kairo aufregen, in der Regierungshandlanger auf Protestbürger einprügeln, und auf das lahme Gelabere unserer West-Politiker schimpfen, die den machtgierigen Clan-Greisen noch Geld und Waffen nachgeschmissen haben für ihre Bereicherung an der Armut, darf sich König Bonzo gern an mir bereichern – solange der Katzenfuttervorrat reicht. Und wenn er auf der Straße gegen Tierschinder demonstrieren will, spendieren wir ihm noch ein extra Plakat!

# Bonzo als Modell

Kater Bonzo hat leider wenig Sinn für Kunst. Sonst hätte er längst schon entdeckt, was mein Enkel Dani sich immer über Facebook auf seinen Laptop holt, nämlich die Comic-Serie *Simon's Cat*. Das sind prächtige Bewegungsschnappschüsse über die Verhaltensweisen einer fetten Plumpsack-Katze, die nur damit beschäftigt ist, ihren Hausmenschen zu schikanieren. Körper-Stenogramme eines ausschließlich von Fresslust und Eigennutz gesteuerten Schlaumeiers. Diese Katze handelt zielstrebig nach Katzenart und tut, was Katzen wollen: nämlich verhindern, dass ihr Mensch die Zeitung liest (auf Augenhöhe die Sicht versperren, den Schwanz vor die Brille halten). Verhindern, dass er auf dem Sofa sitzt und das TV-Programm analysiert. Dass er auf einem bestimmten Stuhl (Sessel, Kanapee) Platz nimmt, ohne auch einen bequemen Katzensitzplatz (Schoß, Knie, Schulter) bereitzuhalten. Durch penetrant knauziges Miauen den Menschen auf Trab bringen, schleunigst den Futternapf zu füllen. Wenn der nicht sofort diensteifrig in die Höhe schnellt zum Futternapf-Füllen, strafend die Krallen ausfahren und ritsch-ratsch über die Polstermöbel ziehen.

Kurz: Simons Zeichentrick-Katze ist so erfinderisch und innovativ, dass sich jeder Designer-Freak ein Beispiel daran nehmen könnte. Schade, dass Bonzo sich um Kunst nicht viel schert – obwohl wir ihn doch gern als Bronzeskulptur in den Garten stellen würden, als Protestfigur gegen das Gartenzwerg-Unwesen und als Symbol für die Schönheit jenseits der grinsenden Werbe-Ikonen. Oder wenigstens als einen ungefährlichen Rastplatz für die Vögel am Wasserbecken.

# Karnevalskatzen

Doktor Bonzo ist ein Karnevalsmuffel. Als getreues Abbild seiner Ernährer ist er genervt von den Pappnasen im Fernsehen und speziell von ihren schrillen Quäkstimmen und ihrem lautstarken Täterätä-Ausstoß. Unser sensibler Psycho-Bonzo rollt sich dann beleidigt in einem lärmfreien Korb zusammen oder in einer geräuschabweisenden Pappschachtel, und er kommt erst wieder heraus, wenn die Täterätä-Stimmungskanonen weg sind. Er ist überhaupt recht ungesellig und drängelt auch die bildschöne Nachbarskatze Lilli-Superstar, eine glamourös gestriegelte Angora-Diva, schnell weg von seiner Katzenklappe, obwohl sie sich immer mit zutraulichem Augenaufschlag an den arroganten Lackel heranmacht. Bonzo mimt den souveränen Einzelgänger, der sein Eigentum bewacht und anwanzerische Katzen-Damenbesuche ablehnt.
Aber die Nachbars-Lilli lässt nicht locker. Sie setzt sich dekorativ auf Bonzos Polstergartenstühle und schaut begehrlich, ob ich vielleicht die Terrassentür aufmache – für Bonzo ein Signal, sofort angewidert die Treppe hinauf in den ersten Stock zu jagen, um die aufdringliche Tussi loszuwerden. Kein Bedarf an sexueller Belästigung!

# Bonzo auf dem Mona-Lisa-Trip

Wenn unser Bonzo sich in seiner Eitelkeit gebauchpinselt fühlt, dann garantieren wir für nichts. Er wurde nämlich in voller Schönheit und dramatischen Charakterposen mit gesträubtem Fell und dem Gruselblick eines Shakespeare-Mimen von einem wunderbaren Künstler und Kinderbuch-Illustrator porträtiert: Reinhard Michl, Zeichner von *Leo Löwe* und vielen fantasievollen Märchenabenteuern, hat die Temperamentsrakete Bonzo, das kleine Krallenmonster mit Düsenantrieb, wie einen Sprühteufel aus schwarzer Tusche losgelassen.

Der Bonzo ist natürlich ein hochnäsiger Kultursnob und legte sich ungerührt und gelangweilt neben sein Ebenbild, während wir ihm erklärten, wie gut er getroffen ist. Wir werden ihn einrahmen, eine Galerie im Treppenhaus eröffnen und Eintritt verlangen. Die Katze als Kunstobjekt hat schließlich Tradition. Auch wenn er nicht so hintergründig lächelt wie die Dame im Louvre – das Geheimnis Bonzo gibt genügend Rätsel auf.

# Nachwuchs in der Bonzofamilie

Hallo, hier bin ich wieder: Meine Untermieter sitzen mit mir in der Sonne und debattieren über einen gewissen Bin Laden, den die Amerikaner plattgemacht haben, und über den Abi-Ball von Laurenz und vor allem über den Muttertag – denn meine Schwester Luna hat in Harriets Wohnzimmer drei neue Katzenkinder bekommen. Eines davon soll so schwarz sein wie ich. Hoffentlich lassen sie sich nicht einfallen, den Schwarzen als Zweithausbesitzer in meinem Revier anzusiedeln – auf so ein junges Gemüse habe ich überhaupt keinen Bock, und mein Futternapf ist tabu für die Verwandtschaft.

Ein Glück, dass ich so groß und stark geworden bin und dass mir keiner mehr dumm kommen kann. Da können sie ihre putzigen Jungkatzen noch so toll fotografieren und mit Duziduziduzi-Geschmachte vollschmusen – ich bin kein netter Großonkel: Ich bin Bonzo, der mächtigste und lässigste Alt-Stenz im Sollner Streuner-Vergnügungspark! Mir kann keiner!

# Die Katzen-Knipser

Jetzt reicht es mir langsam! Dass sie mich dauernd malen und zeichnen – na schön. Ist mir schon klar, dass ich attraktiv bin. Sagen ja alle. Aber dass sämtliche Familienmitglieder ständig ihre Fotoapparate zücken und selig quieken, dass ich jetzt bitte besonders süüüß schauen soll und mich wie ein Pralinenschachtel-Model aufs Sofa setzen, das geht mir allmählich auf den Keks. Immer wollen sie mich knipsen, mal cool und elegant, mal verschmust oder stenzenfrech, mal Bussi-Beauty, mal dämonischer Satansbraten.

Auch meine Schwester Luna und meine Neffen und Nichten fotografieren sie dauernd und stellen sie in Bilderrahmen auf, jeder ein kleiner Filmstar in Diva-Pose. Und Miriam wollte mich außerdem als Dieb von Bagdad, als gestiefelter Kater und als Bremer Stadtmusikant fotografieren, weil ich doch der Magda immer die Pfannkuchen aus dem Stanniolpapier klaue.

Das einzige Diebesgut, das ich noch nicht illegal in meinen Besitz gebracht habe (sagt Ponkie), sind Summa-cum-laude-Doktorarbeiten, die einer schlampig auf dem Küchentisch hat herumliegen lassen. Aber was soll ich damit? Sie redeten, dass ich zwar faul bin, aber für ein Plagiat würde mir das zusätzliche Guttenberg-Gen fehlen – das Streben nach Namensverschönerung durch akademische Titel. Das habe ich nicht kapiert. Aber sie sagen jetzt immer Doktor Bonzo zu mir.

Wenn ich die so reden höre, dann bedeutet »Doktor Bonzo«, dass mein Ansehen ungeheuer gestiegen ist: Ich bin jetzt wer – und zwar mehr als die anderen. Ich darf jetzt richtig eingebildet sein und mir Visitenkarten drucken lassen. Beruf: Philosoph, Poet und Performance-Künstler, Hausbesitzer und Immobilienfachmann.

# Das Ende der Jugendzeit

Grüß Gott und auf Wiedersehen: Ich heiße Bonzo und bin immer noch der Hausbesitzer – obwohl mir die Immobilienfritzen jeden Tag fette Angebote für dreistöckige Luxus-Maisonetten mit Tiefgaragen und Bonsaigärten in den Briefkasten werfen. Aber meine Untermieterin Ponkie weiß genau, dass ich hier eisern wohnen bleibe und nicht die Absicht habe, mich in irgendeine Feudalbude ausquartieren zu lassen. Handwerker sind zwar immer ganz lustig, wenn sie Löcher graben oder Zement anrühren oder Lampen anschrauben oder Parkettböden festklopfen – da schau ich gern zu. Aber richtige Baustellen mag ich nicht, und schon gar nicht, wenn die Kerle Krach machen mit ihren lauten Brüllmaschinen und Kreischbohrern. Außerdem bin ich jetzt zwei Jahre alt und ein erwachsener, freischaffender schwarzer Kater, Vorsitzender der Katzengewerkschaft zur Sicherung ordentlicher Futter- und Schlafplätze und Mitglied im Verein gegen Tierschinder e.V. Ich lasse mir nichts gefallen und lege Wert auf meine Privilegien als Maler- und Fotomodell für besser verdienende Untermieter (man muss sehen, wo man bleibt). Wenn mich jemand aus Versehen einsperrt, ist er selber schuld, wenn hinterher sein Teppichboden oder seine Sitzpolster in tausend Fetzen herumfliegen: Geschlossene Türen wirken auf mich wie Fliegeralarm aus dem Zweiten Weltkrieg, wo die Leute angeblich in Scharen ausgebombt wurden und die Häuser unter Sirenengeheul in Schutt und Asche versanken. Da erwacht mein Überlebenstrieb, und ich vernichte alles, was mich aufhalten will.

Manchmal träume ich auch von der Zeit, als ich noch ganz klein war – da sind meine Geschwister und ich mit unserer Mutter Amy zu einem sehr alten schwarzen Kater gelaufen und haben ihn gewärmt. Denn er lag unter der Gartentreppe im Sterben, und wir sind bei ihm geblieben, bis er nicht mehr geatmet hat. Sein Grab ist in Harriets Garten. Aber ich werde jetzt erst einmal, wie alle jungen Künstler, meine Autobiografie schreiben. Da werde ich auspacken – und da können alle was erleben!